感悟生命本源的价值真谛
透析自杀背后的心理动因
求索危机干预的科学规律
树立向死而生的坚定信念
驱散彷徨无助的精神雾霾
练就化危为机的高超本领

自杀心理危机干预

惠淑英　姚杜纯子　杨　洁　编著

电子工业出版社
Publishing House of Electronics Industry
北京·BEIJING

内 容 简 介

本书作者是从事心理危机干预的专业人员，本书是作者在理论与实践相结合的基础上整理和编写的，是作者多年的智慧结晶。每位作者都具有心理学专业背景，并参与过很多重大任务的心理服务工作，特别是成功地进行过多例自杀心理危机干预案例，积累了丰富的实践工作经验，因而本书中的很多观点能够一针见血地指出问题的症结所在，并通过分析自杀者内心的逻辑动因，深刻揭示心理危机干预的本质规律，给读者以解疑释惑、醍醐灌顶之感，具备了较强的系统性、专业性和实战性。

本书分基础知识篇和实践应用篇，共十三章，基础知识篇着重介绍自杀心理危机干预的基本概念、基本原则、基本理论、基本模式、基本过程、基本技术，阐述自杀的线索识别、影响因素，构建自杀心理危机干预体系；实践应用篇主要针对抑郁症患者、有自杀意念者、自杀未遂者、自杀危机现场、与自杀者密切接触者、自杀现场目击者等不同的状况提出针对性的干预措施。

本书既适合心理工作者、不同单位的心理工作骨干开展心理工作时参考使用，也适用于喜爱心理学的读者，可以提高心理学知识普及率，进一步增强社会大众战胜心理危机的综合素养。

图书在版编目（CIP）数据

自杀心理危机干预 / 惠淑英，姚杜纯子，杨洁编著. —北京：电子工业出版社，2021.6
ISBN 978-7-121-41290-5

Ⅰ．①自… Ⅱ．①惠… ②姚… ③杨… Ⅲ．①自杀－心理干预－研究 Ⅳ．①B846
②R493

中国版本图书馆 CIP 数据核字（2021）第 105981 号

责任编辑：刘小琳
印　　刷：北京天宇星印刷厂
装　　订：北京天宇星印刷厂
出版发行：电子工业出版社
　　　　　北京市海淀区万寿路 173 信箱　　邮编 100036
开　　本：787×1092　1/16　印张：15　字数：257 千字
版　　次：2021 年 6 月第 1 版
印　　次：2025 年 7 月第 10 次印刷
定　　价：59.80 元

凡所购买电子工业出版社图书有缺损问题，请向购买书店调换。若书店售缺，请与本社发行部联系，联系及邮购电话：（010）88254888，88258888。

质量投诉请发邮件至 zlts@phei.com.cn，盗版侵权举报请发邮件至 dbqq@phei.com.cn。

本书咨询联系方式：liuxl@phei.com.cn，（010）88254538。

前 言

　　世界卫生组织（WHO）公布的一组估算数据显示，全球每年有近 80 万人自杀，平均每 40 秒左右就有一个人自杀。因此，该组织强烈呼吁各国必须加强措施预防自杀，并将每年的 9 月 10 日定为世界预防自杀日，旨在引起公众对自杀问题的关注，有效发挥心理危机干预的积极作用，预防自杀和关爱生命。从当前情况来看，自杀心理危机干预工作已经逐渐开始受到重视，但尚未形成较为成熟的自杀心理危机干预体系，因此亟待对自杀心理危机干预进行研究，迫切需要构建源头治理、综合施策、群防群治、防控并举的自杀心理危机干预体系，坚决遏制自杀问题多发态势，促进个人全面健康发展。

　　本书作者在总结前人成果和经验的基础上，结合自身开展自杀心理危机干预工作时的个人体会及国内外相关文献资料编写了本书。全书由基础知识篇和实践应用篇两部分组成，共十三章。基础知识篇着重介绍自杀心理危机干预的基本概念、基本原则、基本理论、基本模式、基本过程、基本技术，阐述自杀的线索识别、影响因素，构建自杀心理危机干预体系；实践应用篇主要针对抑郁症患者、有自杀意念者、自杀未遂者、自杀危机现场、与自杀者密切接触者、自杀现场目击者等不同的状况提出针对性的干预措施。

　　本书力求融理论性、针对性、实用性为一体，各部分相互呼应、紧密相连，对做好自杀心理危机干预工作具有重要的参考价值，对社会和谐发展具有重要的现实指导意义。

　　本书旨在抛砖引玉，为自杀心理危机干预工作尽一份绵薄之力，使读者学会识别自杀线索，掌握基本的自杀心理危机干预技巧，在必要时勇于伸出援手，在紧要关头挽救生命，将自杀风险降到最低，让每个人都珍爱生命、健康成长。

在本书编写过程中，我们借鉴了国内外同行的相关研究成果，得到了各级领导和专家学者的大力支持，在此一并表示感谢。由于作者学识、经验所限，本书的不足之处恳请专家、同行指正。

编著者

2021 年 4 月 6 日

目　录

基础知识篇

实践应用篇

基础知识篇

第一章

自杀心理危机干预概述

生命是宝贵的。大千世界，芸芸众生，每个人都在用生命创造更好的明天。然而却有这样一个特殊的群体，他们消极地选择结束自己宝贵的生命，给亲朋好友带来难以弥合的心灵创伤。据世界卫生组织最近公布的一组估算数据显示，平均每 40 秒左右全球就有一个人选择自杀。自杀是继交通事故之后，造成人员死亡的第二大"夺命杀手"。我们将从本章开始，系统研究关于自杀的一系列基本理论，分析自杀者内心的逻辑认知，探求心理危机干预的科学规律和有效手段。

一、自杀

（一）自杀的概念

自杀，一直是一个重大的公共健康问题，从人类诞生之日起就已经出现，备受瞩目，但是人们对自杀行为的研究却是非常短暂的。对于自杀的定义，包括社会学、精神病学、心理学在内的三大学派众说纷纭。最早的研究始于法国学者埃米尔·迪尔凯姆（Emile Durkheim），他于 1897 年出版了专著《自杀论》，到 2020 年，自杀的研究历史已经有整整 123 年了。埃米尔·迪尔凯姆在他的专著中指出，自杀是一种社会病态。自杀是由自杀者本人实施的行为，并且自杀者在实施前就知道该行为的后果会直接或间接造成死亡。主动行为如上吊或服毒，被动行为如绝食或者拒绝治疗，前者直接导致死亡，后者间接导致死亡。自杀在精神病学中更多地被理解为一种精神疾病。有"自杀学之父"之称的施耐德曼认为，自杀并不是直接指向死亡的运动，它最终目的是要从忍无可忍的情绪中摆脱出来。弗洛伊德认为，人有生本能和死本能，当死本能大于生本能时，人便会自杀。在《大不列颠百科全书》中，自杀解释为轻视生命、蓄意伤害自己生命的行为①。在百度百科中，自杀是指个体在复杂心理活动作用下，蓄意或自愿采取各种手段结束自己生命的危险行为②。对于自杀的定义，目前并没有统一的说法，根据各学派学者对自杀定义的研究，笔者认为，在通常情况下，自杀是指自杀者在意识清晰的状态下，主动采取结束自己生命的行为。自杀的三个要素分别是自发、求死愿望和主动行为，强调自杀者完全出于自愿，最严重的后果就是死亡，它是由于受到各种因素困扰难以自控，最终导致精神崩溃的表现。

（二）自杀的类型

戴纽特·沃瑟曼（Danuta Wasserman）在《自杀：一种不必要的死亡》一书中指出：Pokomy 最早将自杀行为分为自杀成功（Completed Suicide）、自杀企图（Suicide Attempted）、自杀意念（Suicidal Ideas）三大类。埃米尔·迪尔凯姆认为，自杀可以分为利己型自杀、利他型自杀、失范型自杀、宿命型自杀四种类型。利己型自杀是指个人因为失去社会约束与联系，对身处的社会和集体漠不关心、感到孤独而自杀；利他型自杀是指在社会习俗或群体压力下而自杀，或者是为了追求某种目标而自杀，这种自杀常常是为了负责任，牺牲小我成就大我；失范型自杀是指因为个人与社会的固有关系被破坏而自杀；宿命型自杀是指个人由于种种原因，受外界过分的控制和指挥，感到命运完全非自己可以及时控制的而自杀。我国学者根据自杀的发展过程，将自杀分为情绪型自杀和理智型自杀两大类。情绪型自杀通常是由爆发性的激情所引起的，如强烈的委屈、悔恨、内疚、郁闷、烦躁等情绪状态，这类自杀进程较迅速，发展期较短，具有冲动性和突发性；理智型自杀则不是由于偶然的外界刺激唤起的激情状态

---

① 引用自《大不列颠百科全书》中的定义。
② 引用自百度百科中"自杀"词条对自杀的解释。

导致的，而是由于自身经过长时间的评价和体验，在进行了充分的判断和推理之后，逐渐萌发出自杀意向、制定自杀计划、实施自杀行为的，这种自杀进程较缓慢，发展期较长。笔者认为可按照国际上的分类，把自杀大致分为三类：一是自杀意念，即有寻死的愿望，但并未付诸行动；二是自杀未遂，即以死亡为目的采取有意毁灭自我的行动，但没有造成死亡；三是自杀死亡，即有意采取毁灭自我的行动，并且最终造成死亡。

（三）自杀的过程

在绝大多数情况下，自杀不是突发性事件，而是一个逐渐发展的过程，可以分为以下三个阶段。

1. 自杀动机或自杀意念形成阶段

当个体遇到困难、挫折等遭遇打击的时候，深感活着没有任何意义，为了逃避现实，产生了自杀意念，把自杀作为解决问题的唯一办法。例如，一名大学生，因难以适应大学生活，各项成绩均在班级最后，既担心为班级抹黑，又怕辜负父母的期望，巨大的压力让他难以喘息，在深深的自责、焦虑、恐慌情绪之下，逐渐产生了自杀动机，最后实施了自杀行为。

2. 矛盾冲突阶段

当自杀动机产生之后，如果当下所面临的情况仍然得不到有效解决，自杀动机便会逐渐增强，与此同时，心理矛盾也会由此产生。难以放下自己心中所爱的家人、朋友，这种求生的本能使欲自杀者徘徊于生与死的边缘，变得犹豫不决，难以作出自杀的决定。在这个时候，欲自杀者会在情绪情感、言语、认知、行为、身体、经济和心理评估方面向身边人释放出求助信号，我们可以通过欲自杀者发出的寻求帮助或引人注意的求助信号，对欲自杀者施以援手，帮助其解决问题。这一阶段是进行自杀心理危机干预的最佳时期，通过及时干预，可以使欲自杀者尽快打消自杀意念。

3. 自杀行为选择阶段

处于这一阶段的欲自杀者已经从自杀的矛盾中走了出来，下定决心要自杀。这时的状态，很容易使身边人认为他是真的好转了，不会再有自杀的念头了，从而放松警惕。但是，在绝大多数情况下，这往往是欲自杀者的自杀态度已经达到了难以动摇的一种表现，当然也不完全排除是欲自杀者心理状态好转的表现。因为发展到这个阶段，欲自杀者认为自己已经找到了解决问题的办法，从而不再为生与死的选择而苦恼。因此他们不再谈论或释放求救信号，甚至格外平静，有一种如释重负的感觉。其目的可能是摆脱旁人对其自杀行为的阻碍和干预。在这一阶段，欲自杀者开始着手考虑实施自杀的时间、地点、方式，以及购买用于自杀的工具等，同时开始制订自杀计划，着手实施自杀行为。

在我国，自杀多采取自杀工具容易获得的方式，如跳楼、自缢、喝毒药等。最终会出现两种结果，一种是自杀未遂，一种是自杀死亡。

（四）自杀的特点

只有研究把握自杀的特点，才能对自杀心理进行有效干预。

1. 自杀动机具有逃避性

通过查阅大量文献，并结合收集的一些自杀案例，笔者发现，从当前发生自杀问题的情况来看，自杀原因多种多样，但不管什么原因，他们大多认为自杀是解决问题的唯一办法，不惜用死来逃避一切。除此之外，在这些人中，还有相当一部分是领导干部，因为自恃位高权重，抱有侥幸心理，难以抵制不良诱惑，从而逾越法纪红线，触碰法纪底线，甚至不惜铤而走险，干了一些违纪违法的勾当，在东窗事发后，第一时间想到的不是直面问题，主动向组织坦白交代、承认错误，而是担心自己会被组织查处、锒铛入狱、连累家人，企图用自杀的方式来逃避组织的调查处理。

2. 自杀行为具有可预测性

笔者通过分析一些自杀个案，发现大部分自杀者的自杀行为具有可预测性，有的人向身边亲友探讨死亡的话题，有的人在日记、工作笔记中流露出对生活失去了热情等具有提示性的相关语句；有的人行为举止突然变得十分异常，不愿与人交往，整日都无精打采。这些不正常的迹象，都是自杀者在自杀前发出的信号。通过这些信号可以预测自杀行为，但是身边人却没有引起足够的重视，直到悲剧发生之后，才追悔莫及。

3. 自杀手段具有便捷性

笔者在分析自杀个案时发现，自杀手段的选择与自杀工具可获得的便捷性有关。通常来说，自杀手段虽然多种多样，但是人们往往会倾向于选择更加可靠、自杀工具容易获得、见效较快、方法简单的自杀手段。

4. 自杀过程具有连续性

学者长冈利贞指出，自杀过程一般都要经历产生自杀意念—下决心自杀—行为出现变化+思考自杀的方式—选择自杀的地点和时间—采取自杀行动。从大多数自杀情况来看，自杀可分为四个阶段。第一阶段，触发。个别人在遭遇家庭矛盾、感情受挫等情况导致各种压力堆积无法排解时，为逃避现实，把自杀当作彻底解脱的唯一办法。第二阶段，矛盾。当自杀意念萌发之后，只要一想到自己的亲朋好友，个体便会深深陷入生与死的心理矛盾冲突之中，一时之间难以作出抉择，这时个体往往会向外界发出求助信号。第三阶段，平静。在这一阶段，个体从矛盾之中解脱出来，已经下定决心要自杀，从而表现出平静的状态，开始准备自杀工具，选择自杀地点。第四阶段，实施。这是个体自杀的完成阶段，最后会导致自杀未遂和自杀死亡两种结果。

5. 自杀节点和年龄分布具有规律性

从自杀节点来看，发生的自杀事件大多集中于 2 月、3 月、10 月、11 月、12 月。Schreiber（以色列）等人认为，自杀的月发生率在冬季达到高峰，夏季达到低谷，这种季节变化特点可能与个体的生物学节律改变有关。从年龄分布来看，20～30 岁是自杀率最高的年龄组。有研究发现，青春期随着年龄的增加，自杀危险性也在增加，20～25 岁时自杀率达第一高峰。

6. 自杀时间和地点具有隐蔽性

笔者经过调研发现，凡是自杀者，虽然事先都曾向外界发出过求助信号，但是在他们下定决心选择自杀之后，大部分人仍旧会选择在夜深人静或者偏僻无人的地方实施自杀行动，不容易被身边人察觉。因此，自杀事件在夜间和凌晨多发，在工作和操课期间发生较少；在工作单位之外及工作时间之外多发，在工作场所发生较少。自杀时间和自杀地点具有隐蔽性，导致自杀者不容易被发现。午夜至凌晨，人体机能达到最低潮，自杀者身边的人警觉性减弱，外界干扰因素减少，自杀事件多发。

二、自杀心理危机

（一）自杀心理危机概念

1954 年，美国心理学家 G. Caplan 开始对心理危机进行系统研究，并于 1964 年首次提出心理危机相关理论。他认为，每个人的内心都处于一种稳定状态，使之与环境相协调，当面临重大变故使个体感到无法解决、束手无策时，这种平衡便会被打破，正常的生活受到影响，内心的情绪不断积累，当个体所面临的困境超过了他的能力时，个体将无所适从甚至出现思维和行为紊乱现象，就会产生暂时的心理困扰，造成暂时性的心理失衡，从而引发心理危机。《人类自杀史》一书中提到了 Punukollu 的观点，他认为心理危机是个体运用通常应对应激的方法或机制仍不能处理当前所遇的外部或内部应激时所出现的一种反应。本书研究的自杀心理危机属于心理危机的一种，主要是指当个体出现的心理危机达到自身所不能承受的地步，已经严重影响到学习、训练、工作、生活时，将导致个体精神崩溃，甚至可能会引起自杀。

（二）自杀影响因素

1. 客观因素

1）国家反腐高压态势，自身难保逃避惩罚

习近平总书记在党的十九大报告中指出，坚持反腐败无禁区、全覆盖、零容忍，坚定不移"打虎""拍蝇""猎狐"，不敢腐的目标初步实现，不能腐的笼子越扎越牢，不想腐的堤坝正在构筑，反腐败斗争压倒性态势已经形成并巩固发展[①]。

党的十八以来，以习近平同志为核心的党中央在对待贪污腐败的问题上重拳出击，绝不姑息，把管党治党、党风廉政建设和反腐败斗争提升到了前所未

———————————

① 2017 年 10 月 18 日，习近平总书记在中国共产党第十九次全国代表大会上的报告。

有的新高度，取得了显著的成效。与此同时，巡视制度的常态化，把反腐工作高效有序推进。呈现出有腐必惩、有贪必肃、发现一个、处理一个的全覆盖、零容忍的高压态势，违纪违法人员担心东窗事发、害怕被组织查问，内心恐慌焦虑，心理负担加重，选择用自杀的方式逃避法纪惩处。

2）受社会不良思想影响，心态严重失衡

改革开放之后，我国经济发展进入新时代，社会竞争加剧、生活节奏加快，一些人显得浮躁，由于受到社会不良思想影响，导致一些人的心态严重失衡，出现了不同程度的自杀倾向，发生了令人担忧的事故问题。特别是近年来，一些人在暴富之后，过着花天酒地、纸醉金迷的生活。另一些人受其影响，深感理想信念高于天太大太空，不符合实际，反而崇尚金钱至上要及时行乐，追赶时尚潮流、追求高档生活、热衷透支消费，相互之间盲目攀比，长此以往，导致价值取向发生偏移，迷失自我。

经过调研发现，新型网络赌博正在逐渐兴起。与传统网络赌博相比，新型网络赌博省去了赌博建站、发展会员、投注洗钱等烦琐环节，主要以智能手机为载体，行为隐蔽、手段多样、泛滥迅速、打击困难。据监测发现，常用的赌博软件有 20 余种，有的还利用斗地主、打麻将等方式进行网络赌博。有些人不顾家人劝说和朋友忠告，陷入赌博的漩涡之中，不堪忍受追债痛苦和巨大的精神压力，在金钱利益的驱使下作出极端行为，更有甚者，在债台高筑的情况下，付出了生命的代价。高某，因参与网络赌博欠下巨额债务，成为"负翁"，总想着一定可以翻身，于是四处找人借钱，越赌越输，越输越赌，越陷越深，无法自拔，因无力偿还欠款，导致"三观"扭曲，最终精神崩溃，自杀身亡。

3）工作压力难以排解，心理负荷加重

一些人长期处于高负荷工作状态，生理和心理都承受着巨大的压力，加上心理防护意识差，自我调适能力弱，遇到问题也不愿寻求帮助，时间长了很容易产生心理疾患，表现为冲动、暴躁、易激惹、坐立难安、紧张失眠，还有的表现出消极、忧愁甚至绝望，诱发心理问题的触点多、燃点低，自杀现象时有发生。某部李某，正是由于单位项目验收加上审计，工作压力过大，又赶上亲人去世，在各种压力交织下，最终不堪重负，用自杀的手段结束了自己宝贵的生命。

4）社会改革转型深入，前途未卜忧虑重重

随着社会改革转型的逐步深入，人们的思想变得更加活跃，一方面盼望着改革政策尽快落地，另一方面又怕改革会造成阵痛，触动自己的实际利益，思想压力、现实诉求和个人想法明显增多。随着改革不断向纵深推进，一些单位撤并降改，不少单位精简整编，原来想去的单位没有了，曾经梦想的岗位裁减了，对未来不知所措。有的人担心改革后对人员专业素质要求更高，产生了本领恐慌和能力危机，害怕自己能力有限而被淘汰；有的人担心改革之后福利待遇下降，在高物价、高房价面前，待遇没有明显优势，照顾老人、抚养子女将面临越来越大的压力；有的人担心换了工作环境之后，面对新的社交圈自己难以适应，无法融入；有的人担心巡视审计暴露出问题，等等。这些人在不同程度上表现出患得患失的忧虑和瞻前顾后的犹豫，容易造成心理失衡。

5）对异常迹象不敏感，问题苗头难以遏制

自杀者在自杀前会经过一番激烈的思想斗争，下了很大的决心以后才会实施自杀行为，往往会在语言、情绪、行为等方面留下一定的线索，有迹象可查、有征兆可寻，但是身边的人对这些异常迹象敏感性不强，由事先"没注意""没发现""没想到"，到事后"很吃惊""很意外""吓一跳"。如果能及时发现，采取相应的干预措施，自杀行为是能够预防的。蒋某，因恋爱受挫而茶饭不思、情绪低落、精神恍惚、状态不佳，但是身边人却对这些苗头表象反应迟钝、缺乏警觉，没有及时捕捉这些危险信号，也没有采取紧急措施，错过了挽救生命的最佳时机，蒋某最终自杀身亡。

2. 主观因素

外因是变化的条件，内因是变化的根据，外因通过内因而起作用[①]。一个人能有足够的勇气自杀，通常是由多种因素叠加所致的，客观因素固然重要，但是起决定性作用的还是主观因素。

---

① 《毛泽东著作选读》（上册），人民出版社，1986 年版，第 141 页。

1）违纪违法问题滋生，心存侥幸走向深渊

习近平总书记指出，深入推进依法治军、从严治军，是全面推进依法治国总体布局的重要组成部分，是实现强军目标的必然要求①。当前，反腐力度明显加大，惩治了一大批贪污腐败分子，查处了一大批大案要案。但是在某些单位，特别是基层单位，由于权力过于集中，再加上受到社会上歪风邪气的影响，导致违纪违法的问题仍然存在。

（1）东窗事发，担心后果。落马的官员在狱中曾经忏悔道："我为什么鬼迷心窍贪污堕落，为什么执迷不悟越陷越深，为什么追求享乐放纵自己？变成这个样子不是偶然的，是自己的贪欲让自己坠入深渊。"早知今日，何必当初呢？有些人内心贪欲日益膨胀，唯利是图，作出违法乱纪的事情，逾越了法纪红线，一旦身边有人被查处，便害怕连累自己，担心自己的恶行昭然于世，惶惶不可终日，心理压力不断增大。东窗事发之后，害怕被组织查处问责，试图逃避法律制裁，感到自己前途渺茫，采用自杀的极端方式，自绝于党，自绝于人民。如果这些人不触碰贪污腐败这根高压红线，便不会被利己主义所驱使，也不会沦为"阶下囚"等待法律的制裁，就不会感觉前途渺茫，生命已无任何意义。

（2）抱有幻想，企图逃避。违纪违法人员从第一次收受钱财，到第二次、第三次……一直存在侥幸心理，觉得不会被发现，从而一步步走向深渊，经历从量变到质变的过程。部分党员干部在违纪违法之后，始终抱有幻想，把退休或者离岗当成自己的"保命符"和"安全岛"，依然存在侥幸心理，殊不知组织一时没发现，并不代表自己永远不会被惩治，天网恢恢，疏而不漏。一旦被抓，幻想也随之破灭，便采取自杀的方式逃避现实。

2）价值取向发生扭曲，人生迷茫寻求解脱

"活着没有意思"几乎是所有自杀者在自杀前的想法和感受。笔者通过调研发现，在发生的自杀案例中，自杀者认为所有的烦恼都会随着自己的死烟消云散，把自杀当作一种解脱痛苦的方法，人生观、价值观都有失偏颇，表现为以下几点。

---

① 2014 年 12 月 26 日，习近平同志在中央军委扩大会议上的讲话。

（1）漠视自己的生命，个人主义倾向明显。一些青年人从小在父母的呵护下成长，是父母的"掌中宝""心头肉"，没受过一点委屈，这导致他们从小就滋生了自私自利的个性，个人主义和自我设计在他们的心中根深蒂固，把别人的关心和关爱当作理所应当，经常抱有"一人吃饱，全家不饿"的想法，"我"的观念比较强，"我们"的意识很淡薄，过度以自我为中心，稍有不如意便一蹶不振，自寻短见，缺乏对生命的敬畏感和责任感。

（2）心理反差较大，人生道路迷失方向。社会竞争日益激烈，人们的压力也在无形中增加，时常感到"压力山大"。有的人把追求个人成功当作生命的全部，在这种情况下，人生观、价值观极易发生扭曲，一旦"自我设计"与现实情况发生矛盾，内心出现强烈的心理反差，对前途丧失信心，走上轻生的道路。

（3）贪图物质享乐，过度重视个人得失。义利观在一定意义上就是人生观、价值观的体现，有些人缺乏远大的理想抱负，受"享乐主义"影响，把时常"享受"挂在嘴上、放在心里，把"挣大钱"当作自己的人生目标，极度崇尚金钱，过于看重个人物质利益，而忽视精神价值。

3）思维狭隘认知片面，行为偏激走向极端

知是行之始，知之深切，方能行之自觉。认知是行动的先导，解决了认知方面的问题，人的心理问题便会迎刃而解，变负性认知为积极认知。自我认知是主观的我对客观的我的评价与认知，是对自我身心特征的认识。性格特点、成长氛围和教育环境的不同，会使人对同一件事情有着不同的认知。片面、错误的认知会导致个体"钻牛角尖"想不开，如果不能及时进行自我调节，日积月累，个体便会不堪心理重负，采取自杀等极端行为。

（1）绝对化的认知偏差。有绝对化思维方式的人，总是用完美主义的眼光去审视自己和他人，在他们的头脑里，总是以事物的两个极端"应该怎样""不应该怎样"作为标准衡量身边的人或事。他们最常说的就是"我必须成功""别人就应该这样对待我""我就应该这样做"等，但是对于他们来说，不可能在每件事情上都获得成功，一旦事情没有向他们所期望的方向发展，他们便跟自己过不去，跟他人过不去，这种极端的思维方式会让他们感到痛苦不堪。

（2）以偏概全的认知偏差。有些人在遭遇打击之后，认为自己"一无是处"

"是个废物"，通过一件事情的失败，来否定自己的全部价值，一叶障目，从而产生自暴自弃等消极处世的心理状态。单位一直作为苗子培养的吕某，怀疑自己得了肾虚，在泌尿科和神经内科都检查不出有任何问题的情况下，他没有接受医生的建议去看心理科，而是去看了其他科。回来后，吕某多次对朋友说："自己这么年轻就得了肾虚，恐怕永远治不好了。"对未来忧虑，产生了自卑心理。最终吕某因自卑导致极度绝望，自杀身亡。心理学家阿尔弗德雷·阿德勒揭示，由身体缺陷或其他原因引起的自卑，既能摧毁一个人，使人自甘堕落或患上精神疾病，也能使人发奋图强，补偿弱点[1]。而吕某恰好就是被这种难言之隐所引起的自卑击垮的。

4）挫折打击难以应付，心灰意冷陷入绝望

"挫折"在《辞海》中解释为"失利、挫败"。从心理学的角度来讲，它是指个体在从事有目的的活动中，遇到障碍或者干扰，致使个人动机难以实现、需要不能满足时所产生的一种情绪反应。

当前，大多数年轻人都是"被抱大的一代"，从小是家里的"小公主""小皇帝"，备受家人关爱，没吃过苦、没受过罪、承受力差、涉世不深。受父母长期过度保护，造成心理承受力与抗挫折能力逐渐弱化，一旦遭遇挫折，难以应付和解决问题，心灰意冷陷入悲观绝望，不惜用自杀的方式来逃避，一死了之，一了百了。有的人遭遇家庭方面的挫折，如夫妻感情不和、亲人突然离世、家庭财产突然发生变故等都会给个体带来心理创伤。王某，婚后与妻子感情不和，面临婚姻危机，提出离婚，在其父母和妻子强烈反对的情况下，离婚不成，割腕自杀。他在遗书中写道："她说离，我就生，她说不离，我就死。"这就是由于婚姻受挫导致的过激行为。

5）心理缺陷意志消沉，精神问题导致崩溃

心理缺陷与传统的身体疾病不同，它属于精神层面的问题，主要是指无法保持正常人所具有的心理调节和适应等能力，心理特点明显偏离心理健康标准，但尚未达到心理疾病的程度。心理缺陷会造成社会适应不良，在现实生活中比较常见的心理缺陷就是性格缺陷和情感缺陷。

---

① 《自卑与超越》，阿尔弗德雷·阿德勒著。

（1）性格缺陷。性格缺陷包括无力性格、不适应性格、偏执性格、分裂性格、爆发性格、强迫性格和癔症性格。无力性格的人精力和体力不足，容易疲乏，情绪不是很愉悦，缺乏克服困难的精神；不适应性格的人对社会适应不良，人际关系和社会适应能力差，判断和辨别能力不足；偏执性格的人往往很固执，敏感多疑、嫉妒心强，常常以自我为中心，爱责备、抱怨；分裂性格的人往往很内向，孤独怕羞、情感冷漠，社会适应能力和人际关系差，喜欢独自一人活动；爆发性格的人常常因为遇到一点小小的刺激便很容易激发愤怒；强迫性格的人往往过度追求自我安全和身体健康，有强迫观念和强迫行为，有时候会反复检查门是否锁好、计算机是否关闭，但这并不能判定是强迫性格，只有明知这么做不合理，但又无力摆脱这种念头，并伴有内心痛苦时，才能判定偏离了正常心理状态，出现了强迫性格；癔症性格的人心理发展不成熟，常以自我为中心，感情丰富但不深刻，热情、不稳重，容易接受暗示，很喜欢表现自我。

（2）情感缺陷。情感缺陷包括焦虑、抑郁、疑病、狂躁和淡漠。焦虑的人对客观事物和人际关系表现出过度的担忧、紧张、犹豫不决，有强烈的生存欲望，但对自己的健康心存忧虑；抑郁的人情绪常处于忧郁、沮丧、悲哀、苦闷状态，缺乏人生的动力和乐趣，生存欲望低；疑病的人往往怀疑自己有某种疾病，反复求医，同时伴有身体上的疑病性不适症状；狂躁的人情绪高涨、兴奋、活跃，动作增多、言语增多、声音高亢，有强烈的欢快感；淡漠的人对外界环境和自身状况漠不关心，无动于衷，非常孤独，不合群。

出现心理缺陷，如果不引起足够重视，严重了将会出现精神问题，引发心理疾病，甚至走上自杀的不归路。朱某，悲观厌世，外出就诊时从医院顶层跳楼身亡，他在遗书中写道："我对生活失去了动力，犹如行尸走肉，不要太悲伤，来世再见吧。"由此可见，由心理缺陷导致的精神问题，足以摧毁一个人。

6）人际交往失当失范，心灵慰藉无处寻求

马斯洛说过，没有朋友的人，既不会分享快乐，也不会分担痛苦。每个人都是社会群体的重要组成部分，需要人际交往，正当的人际交往有利于人的成长，不正当的人际交往则百害而无一利。

（1）人际关系日趋紧张激化。人类的心理适应最主要的就是对人际关系的适应，自然而然地，人类的心理病态主要是由于人际关系失调引起的。有的人由于社交经验不足，不善沟通，因一点小事便互相推诿扯皮、发生口角，甚至大打出手，难以互相理解和宽恕，造成人际关系紧张恶化，彼此成了"最熟悉的陌生人"。有的人因性格问题，戒备心很强，遇事喜欢自我封闭，不愿意向身边的人吐露心声，难以融入集体，久而久之，产生孤独感和苦闷感无法得到有效释放，负性情绪持续叠加，精神压力过大，导致自杀。

（2）痴迷网络交友逃避现实。随着自媒体时代的到来，每个人都可以使用移动手机上网浏览网页、新闻等，以此开阔视野，增长见识。有些人时常出现在论坛、博客、微信等热门网络社区，这些网络社区为人们释放压力、广交朋友、宣泄情绪等提供了巨大的帮助和支持，但是互联网的虚拟性容易使人丧失判断能力，难辨真伪，对人的思想和行为产生消极影响。有的人长期痴迷于虚拟世界、聊天交友、网上恋爱、网上结婚等，习惯了"键对键"交流，逃避"面对面"交流，对现实生活中的人际交往充满恐惧，将自己的真情实感寄托于虚拟世界，沉溺其中无法自拔，与人的交往能力减退，感情日渐疏远，造成思想滑坡、心理问题多发。袁某，终日沉溺于网络交友难以自拔，应该完成的毕业论文毫无进展，遭遇学业困难，最终选择自我毁灭。

（三）自杀心理危机风险线索识别

欲自杀者在自杀前极少会掩盖自己的自杀意图，大多数是有迹可循的，这时，同事、朋友和家人往往是自杀风险线索识别的重要人物，他们身上肩负着"第一反应人"的使命任务，及时识别自杀发生前的线索，按照"诱发有原因、激化有条件、事前有线索、演变有轨迹"的规律特点，紧盯自杀前出现的异常苗头，切实把工作做在问题发生之前，将自杀行为防患于未然，扼杀在摇篮。自杀线索反映了自杀的征兆，根据个体自杀前出现的异常反应，将自杀心理危机风险线索归纳为情绪情感、言语、认知、行为、身体健康状况、经济收支情况和心理评估七个方面。

1. 情绪情感线索

自杀者通常会表露出焦虑、绝望、抑郁、情绪异常等情绪情感线索。焦虑是人们在遇到困难、挫折、打击等状况时出现的一种正常的情绪反应，但是对于自杀者来说，焦虑已经到了难以自制的地步，自杀者会出现焦虑难安、惶惶终日、紧张不安、六神无主的情况。绝望是人类负性情感的一种，它通常因事业、生活、家庭等受到沉重打击而产生。当事人在绝望无助、心灰意冷的情况下，看不到任何希望，对未来感到失望透顶。有绝望情绪的自杀者打心眼儿里就认定自己是个"废物"，什么也得不到，什么都不想干。抑郁是一种负性情绪，使人心情低落，做什么事情都提不起兴趣，长时间处于抑郁状态，很容易发展成为抑郁症。在自杀事件中，由抑郁症导致的自杀事件占据很大比例。情绪异常表现为容易被激惹，具有攻击性，或者出乎意料地由悲伤转为安静平和，甚至表现愉快，情绪波动比较大。

2. 言语线索

通常来说，言语线索分为直接言语线索和间接言语线索。直接言语线索就是向身边的朋友、同事、亲人直接表露"我不想活了""活着一点意思都没有，还不如死了算了"等，与他们探讨有关自杀的话题，并向他们诉说自己的自杀计划等。间接言语线索包括在信函、日记、微信、绘画中表露自己想死的念头，"我真的很崩溃，感觉人生没有意义了""看不到未来的路，活得好辛苦"，或者和朋友、家人谈论有关人生意义的话题等。

3. 认知线索

自杀者认知功能会扭曲，注意力往往过分集中在自己极端的情绪反应之中，或"只有死亡才能解决一切"的自杀意念之中，从而出现记忆与认知能力方面的消退和偏差，判断、辨别和做决定的能力明显下降。在面对困难时，不是想着怎么解决问题，而是想着如何逃避问题，这时自杀便成了解决问题的唯一办法。朋友、同事、家人都时常反映当事人"明显不在状态""感觉像是变了个人似的""与大家交流很少，感觉活在自己的世界里"等。部分人还会出现记忆力减退，无法集中注意力，产生幻觉，工作能力下降，做事缺乏判断力、犹豫不决、没有主见等。

4. 行为线索

当事人在自杀前会做自己平时几乎不去做的事情，如将自己喜爱的东西全部赠予他人，与身边的同事、朋友、亲人告别等。在社交、工作、生活等方面也会表现出不愿交往、喜欢独处、消极怠工、无故受伤、有条理地安排后事等反常行为。此外，有过自杀未遂史的人还会有自残倾向，做出自我伤害的举动，收集用于自杀的药品、工具，频繁光顾高层建筑物平台、无人深水区等危险区域。

5. 身体健康状况线索

由身体疾病引发人的自杀行为不在少数，有相当一部分自杀者往往会被失眠多梦、食欲锐减、心悸、头痛、倦怠等多种身体不适所困扰，出现血压、心电生理及脑电生理异常等临床表现，还有一些人长期被疼痛性疾病（如腰椎间盘突出、肩周炎等）、恶性疾病（如癌症）等困扰，这些疾病发病时间长，不容易治愈，使人心理压力增大，同时由疾病可能引发抑郁症，势必增加了自杀的风险。朱某，患有双向情感障碍。所谓"双向"，一方面是狂躁，表现为精力旺盛、活动过多、滔滔不绝；另一方面是抑郁，表现为无精打采，什么事情都不想做，这两种状态交替出现。这种表现在外人看来，当他情绪好的时候，表现积极、乐于助人；当他情绪差的时候，很少与人沟通，不参加集体活动。他自己也经常感到身体不适，四处求医，但始终找不到真正的病因，内心十分痛苦，最终不堪忍受，走上绝路。

6. 经济收支情况线索

纵观近年来发生的自杀事件，涉及经济问题导致自杀的事件比比皆是。由于互联网的飞速发展，网络赌博及现金贷开始兴起。一些人先尝甜头、后尝苦头，逐步深陷其中、无法自拔，轻则造成财产损失、倾家荡产；重则导致"三观"扭曲、精神崩溃，最终走向自我毁灭。此外，因违规违纪和违法犯罪，在被组织调查期间畏罪自杀的事件也时有发生。

7. 心理评估线索

借助相关的专业量表对个体进行心理评估，得到的结果也是自杀心理危机风险的线索之一，能增加自杀风险性评估的准确性。由于没有一个量表可以包含所有的自杀风险因素，因此学者研制出了许多有关自杀的量表，常用的量表有精神症状自评量表（SCL-90）、明尼苏达多相人格调查表（MMPI）、艾森克人格问卷（EPQ）、贝克自杀意念量表（SSI）、自杀态度问卷（QSA）、抑郁自评量表（SDS）、贝克抑郁量表（BDI）等，能够对自杀倾向进行心理评估。

（四）自杀心理危机风险线索处置

对已经掌握了自杀心理危机风险线索的个体，应积极主动采取措施进行干预，缓解其自杀冲动，劝说其放弃自杀念头，主要应把握好以下环节。

1. 给予关心关爱，避免批评指责

在危机状态下，人们通常会感到沮丧、无助、抑郁、焦虑。因此，要积极主动上前靠近，尽可能地进行安慰、鼓励，表示真诚的关心和对他的担忧。这时要特别注意，不能激惹欲自杀者，千万不要对这种自杀想法加以指责。欲自杀者通常认为，选择自杀是解决问题最圆满的方式，如果对这种想法进行指责，会给欲自杀者带来更大的压力，应当给予欲自杀者充分的关心关爱，让他感觉到温暖。

2. 耐心倾听接纳，寻找自杀动机

让有自杀意念的人尽情倾诉自己的烦恼、愁苦、哀伤和愤怒，耐心倾听并接纳他们的情绪，不加以指责。耐心倾听既可以表达对对方的尊重，也可以细致、全面地获取更多信息，找到他企图自杀的动机和原因。而且，对方在宽松和安全的氛围里倾诉自己的烦恼和释放情感困惑，自杀倾向也会有所淡化。

3. 与其讨论自杀，促其放弃自杀

我们可以直接与有自杀倾向的个体讨论有关自杀或死亡的话题，不必担心这会诱导其自杀；相反，坦率地交谈会降低自杀的危险度。可以由对他们的关心切入正题，如"我觉得你最近状态不是很好，我很担心你，你愿意跟我聊聊吗？""当这种糟糕的情绪困扰你时，你会自杀吗？""你觉得解决问题的方式除了自杀，还可以用别的方式解决吗？"

要注意激发个体对亲友的牵挂和责任。一个人做出自杀决定之时，往往关闭了自己的心灵大门，无暇顾及他人的感受。我们要帮助他重新记起对亲友的责任，让他想想自杀会给亲友造成什么样的痛苦，使他对这个世界重新有所牵挂，放弃自杀念头。

4. 及时反映汇报，获取支持帮助

对有自杀倾向的人不应给予保密，应及时向所在单位领导汇报，争取外界的关爱和多方的支持，包括领导、朋友和亲人的关心。周围人的支持和帮助是对有自杀征兆者最直接、最有效的干预，但要注意不宜过分宣扬，以免给企图自杀者带来额外的心理压力。

5. 做好安全防护，防止自杀发生

一是不要使有自杀倾向者单独工作、生活和居住；二是认真检查有可能作为自杀工具的危险物品，加强对其住所的安全防护；三是有条件的话，陪同寻求精神心理卫生机构或自杀干预机构专业人员的帮助。

三、自杀心理危机干预

（一）自杀心理危机干预的概念

自杀心理危机干预有狭义和广义之分。从狭义上来说，它是指对处于自杀危机中的个体，以及已经采取自杀行为但自杀未遂的人采取相应的心理咨询与治疗方法等，帮助他们从一时的自杀冲动中解脱出来，使其恢复心理平衡。从广义上来说，自杀心理危机干预不仅包括对有自杀意念和自杀未遂人群进行的危机干预，还包括对一般人群进行的自杀预防。本书所研究的自杀心理危机干预包括三层含义：一是面向所有人的自杀预防；二是针对有自杀意念者进行自杀心理危机干预；三是针对自杀未遂者、自杀危机现场、与自杀者密切接触者及自杀现场目击者在自杀危机发生之后所进行的心理危机干预。

（二）自杀心理危机干预的意义

1. 有利于丰富自杀心理危机干预理论及其工作模式

美国 QPR（询问说服转化）预防自杀机构秉承"一旦我们有所了解，我们就会关注和处理，而我们一旦开始关注和处理，我们就能改变"的信念，采取

及时有效的干预措施，阻止自杀行为的发生。心理危机干预是心理工作的重要内容之一。近年来，我国的自杀心理危机干预工作整体仍处于起步阶段，在自杀心理危机干预的处置与实施、相关专业技术的操作与应用、心理工作人员的选拔与培训、专业心理团队的遴选与组建等方面，都还不够成熟和完善。对自杀心理危机干预的研究将有利于丰富自杀心理危机干预理论及其工作模式，筑牢预防自杀的工作防线。

2．有利于排除安全隐患，保持社会的安全与稳定

安全是底线，稳定是红线。利用自杀心理危机干预策略，做到关口前移，及时发现问题，做好一人一事思想工作，始终落实"我的安全我负责，他人安全我有责，单位安全我尽责"的责任意识，能够有效减少自杀事件的发生率，消除不安全因素，确保社会的安全与稳定。

3．有利于个体健康成长

目前，心理问题已成为引发自杀的重要原因，对自杀心理危机干预的研究也十分有必要，它是一项"救命工程"。做好自杀心理危机干预这项"人命关天"的工作，可以帮助个体走出阴霾、健康成长。

（三）自杀心理危机干预的目标

本书所研究的自杀心理危机干预包括自杀预防、自杀危机干预及对自杀危机发生后的干预三层含义。自杀预防面向的是所有人，旨在提高人们的心理素质，培养人们解决心理问题的能力，防止自杀意念的形成与发展，防患于未然；自杀危机干预主要针对有自杀意念者，通过对他们进行及时有效的干预，解除当前的自杀危机状态，让他们重获"生"的希望，提高他们的危机应对能力，让他们学会进行自我心理调适；自杀危机发生后的干预主要针对自杀未遂者、自杀危机现场、与自杀者密切接触者及自杀现场目击者，旨在避免自杀未遂者再次自杀危及生命，掌握自杀危机现场的灵活处置方法，对其他相关人员可能产生的心理创伤进行心理修复，帮助他们尽快抚平伤痛、早日走出悲伤。这三者的终极目标都是有效降低自杀率、减少给个体带来的不良影响，促进个体健康成长。

（四）自杀心理危机干预的原则

1. 预防性原则

自杀心理危机干预，重在预防。做好自杀心理危机干预工作，必须做到关口前移，综合施策。首先，要做好心理健康普查工作，把心理测试纳入年度体检范畴，全方位了解人们的心理健康状况，杜绝"谁有问题谁来测"的现象，同时对有自杀倾向者做到早发现、早干预、早治疗。其次，要开展心理健康教育，通过专题授课、知识讲座等，传授心理健康知识，教会人们如何进行心理调适，防止心理问题发展成心理疾病。对于有心理疾病者要督促其及时就医，以防自杀。

2. 及时性原则

任何自杀事件都起始于自杀想法的产生，之后逐渐发展为自杀行为。这期间可能只有短短几分钟，也可能会长达几年，甄别自杀高危人群并及时进行干预是自杀心理危机干预工作的关键，可以大大减少自杀行为。当自杀事件发生后，对自杀遗族①的干预也应该越早越好，最大限度地降低创伤后应激障碍发生的概率。心理危机若不及时进行干预，势必会形成永久的心理创伤，有可能导致悲剧再次发生。

3. 科学性原则

毛泽东同志十分重视调查研究，他曾指出：在个别谈话前，须调查谈话对象的心理及环境②。在对自杀心理危机干预的过程中，要遵循心理科学原则，注意调查研究。通过运用科学的方法分析人的心理变化规律，充分了解人的思想动态，特别是结合近期发生的重大变故、工作关键节点、相关重要岗位等情况进行研究分析，找出导致产生心理问题的诱发因素，运用合理的方法解决心理问题。正确区分思想问题和心理问题，不良状态、心理障碍与心理疾病，心理疾患与精神疾病、生理疾病，及时鉴别自杀高危人群，按照规范程序对不同人群运用不同的方法进行心理疏导、危机干预与转诊治疗，特殊情况特殊分析，

---

① 自杀遗族：自杀死亡者的父母、配偶、子女、朋友等与其关系紧密的人，也称自杀丧亲者。

② 1929年12月，《古田会议决议》。

确保自杀心理危机干预工作的科学性和有效性。

4. 疏导性原则

堵而抑之，不如疏而导之。大多数年轻人从小生活安逸，没有经历过生活的艰难、环境的艰苦、战争的残酷，心理承受力差，一旦有了心理问题，不及时疏导，便会"积病成灾"，出现恶果。在自杀心理危机干预过程中，应让个体有自由表达情感、发泄不良情绪的机会，了解他们的委屈、苦闷、悲伤、烦躁等情绪及自杀的原因。随后，通过鼓励、安慰、放松等形式为他们解开思想疙瘩，厘清思想迷雾，直到自杀危机得以解除。疏导，既是疏通又是引导，在为个体解决心理问题的同时，引导他们掌握调适心理问题的办法，即以个体为主体，依靠自己的力量，在他人的协助和指导下化解危机，授之以鱼不如授之以渔。

5. 渗透性原则

自杀心理危机干预工作要坚持把心理科学的理念时刻渗透到工作、生活的方方面面，做到紧跟时代发展、紧贴实际情况，更好地发挥帮助人、拯救人、提高人的作用，同时还要渗透到思想政治工作、基层教育管理、后勤保卫工作等各领域，发挥该工作的最大效用。特别是在执行急难险重任务时，人们压力大，心理工作人员要始终将自杀心理危机干预工作贯穿任务全过程，解决人们的心理问题，坚决杜绝亡人事件，保证任务圆满完成。自杀心理危机干预工作并不是一蹴而就的，还要充分考虑人们的接受性，不因涉及自杀就避而不谈，但也要注意方式方法。

第二章

自杀心理预防

有强烈死亡意愿的人是非常矛盾和茫然的，既想自杀，又想活下去。多数想自杀的人都有一个心理过程，因而会流露出自杀的先兆，有些人的情绪和行为是反常的，思维模式是非逻辑性的。事实上，每个有自杀想法的人，在采取行动之前，他的潜意识都会发出一些求救信号。只要细心观察，在一定程度上自杀是可以预防的。同时，自杀可以引起仿效行为，因此必须对自杀进行预防。

自杀心理预防，就是对有自杀意念、已经具有一定自杀倾向、近期发出自杀警示信号的人，及时进行心理评估，有效进行心理疏导，尽早进行心理危机干预，注重进行行为管控，以防止自杀行为发生所采取的一系列心理预防活动。

一、自杀心理预防的特征

1．预防因素的复杂性

自杀现象是一种极为复杂的社会现象，是多种因素相互作用的结果。它不仅受特定的社会背景、单位文化、经济状况、家庭情况等因素的影响，而且受工作环境、工作性质、单位管理、人生经历中的重大事件和自身心理品质的影响。多因素的相互交叉性和心理本身的隐蔽性、微妙性等，决定了自杀心理预防因素的复杂性，而且这种复杂性不易从量上加以描述，这也增加了自杀心理预防的难度。这就要求在进行自杀心理预防时，必须收集和掌握详尽资料，从质和量两个方面进行综合分析判断。

2．预防主体的群众性

一般来说，欲自杀者对人和事都非常敏感，应该保护他们的隐私不被扩散，稍不注意就有可能使事情恶化，导致不良后果的发生，所以对他们的调查应尽量使用隐蔽手段。同时，那些具有自杀倾向的人，又往往刻意掩饰自己的心理和行为表现，仅仅依靠干部和骨干发现，存在很多困难。这就要求在进行心理预防时，必须结合经常性思想工作和经常性管理工作一同开展，在紧紧依靠基层组织和干部、骨干的同时，要充分发挥广大群众在心理预防工作中的积极作用。

3．预防手段的综合性

自杀倾向是由多种因素构成的，仅仅采取单一的预防手段是远远不够的，必须综合施策。既要着重运用心理学的方法，如感化、暗示、疏导、转移、危机干预、行为矫正等，也要注意运用思想教育、环境熏陶、管理控制、法律援助、医疗救护等方法，防止自杀行为的发生。

4．预防效果的反复性

自杀心理结构一旦形成，化解和消除比较困难，往往不能一次见效，时常会出现反复。例如，个别自杀未遂者经过心理干预，可能度过一段平静期，但仍会再次产生自杀的意念和行为。所以，在对已经具有自杀倾向的人进行心理预防时，必须始终保持高度警觉性，坚持教育疏导和行为引导常抓不懈、持之以恒，防止因一时疏忽而酿成难以挽回的后果。

二、自杀心理预防的任务

自杀心理问题的凸显，使得心理预防的任务也日趋繁重。

1．防止形成自杀心理结构

一个人的心理内容既包含积极因素，也包含消极因素。如果消极因素在心理中起支配行为的作用，就容易形成自杀心理结构，而这样的心理结构一旦遇到适合的条件，就会在自杀意念的驱使下实施自杀行为。因此，预防自杀的首要任务就是要削弱和排除形成自杀的意念，建立健康的心理结构，以抵御外来不良倾向的诱惑。特别是当外在客观环境中存在可能诱发消极的心理因素时，要注意及时予以消除。要注重把解决人的思想问题、心理问题和实际问题有机结合起来，尤其对遇到发展受挫、家庭变故、身患疾病、婚恋矛盾的个体，引导他们理性看待挫折，真心实意地帮助他们排忧解难、化解危机；要注重维护他们的权益，在涉及切身利益的热点和敏感问题上，坚持公平、公开、公正，及时化解矛盾、理顺情绪；要切实改善物质文化生活条件、活跃文化生活，最大限度地满足精神需求，培育良好的心理品质结构。

2．改变已形成的自杀心理结构

当外界的消极因素转化为心理内容，并在日常活动中不断得到强化，从而形成自杀心理结构后，防止自杀的重点就是着力改变不良的心理品质，化解消极心理因素，建立积极健康的心理结构。例如，针对个体因与外界不正常联系和交往而引发的不良心理，就要采取积极措施隔断其与外界的联系，引导其参加各种健康有益的活动；针对个体因法纪观念淡薄而引发的犯罪心理，就要大力开展法纪警示教育，以法纪的威慑作用促使其警醒；针对有自杀征兆和倾向者，在采取适当控制措施的同时，要及时开展生命教育和人生观、价值观教育，以积极的人生追求抑制消极的人生态度。

3．提高认知能力，重塑自我认同

对于已经形成自杀心理的对象来说，其往往丧失了自尊心和自信心，容易破罐子破摔。因此，在探寻自杀征兆的过程中，要着眼提高对象自我认知、自我领悟的能力，运用积极的激励手段，引导他们正确认识自己、接纳自己，明确人生价值和目标，主动改变消极心理和行为方式，重塑自尊、自爱、自信、自强的心理意识和人生追求；要注意对症下药，尽力发现他们身上的积极因素，肯定他们的自身优点，赞扬他们的工作成绩，使他们充分体会和感受集体的认同和周围同事的关爱，激发起工作、生活的勇气和热情，自觉改变错误认知，主动消除自杀意念。

三、自杀的高危人群

做好自杀问题的心理预防工作，要从实际出发，坚持打牢基础与适时干预相结合，依据自杀心理和行为形成发展的过程及特点，及时发现苗头，掌握自杀的高危人群。

自杀的高危人群如下：

（1）有抑郁症或处于抑郁症恢复期的人。

（2）过去有过自杀企图或行为者，经常有自杀意念者。

（3）性格孤僻内向、不愿意与人交往的人。

（4）经济负担重、生活压力大的人。

（5）遭遇重大挫折变故、不能正确对待的人。

（6）单亲及离异家庭、有家族精神病史的人。

（7）身患疾病久治不愈、思想包袱较重的人。

（8）与他人关系紧张、矛盾隔阂较深的人。

（9）外在表现异常、有明显心理疾患的人。

（10）有人格缺陷、明显精神障碍的人。

（11）有长期睡眠障碍的人。

（12）社会支持系统长期缺乏或丧失，感到自己无能，看不到"出路"的人。

（13）有强烈的罪恶感、缺陷感或不安全感的人。

（14）触犯党纪国法、正在接受审查的人。

（15）家庭亲友中有自杀史或自杀倾向的人。

（16）家庭发生重大变故的人。

（17）婚恋、情感受挫的人。

（18）谈论过自杀并考虑过自杀计划和方法，包括在信件、日记、图画或乱涂乱画的只言片语中流露死亡念头者。

（19）不明原因突然给同事、朋友或家人送礼物、请客、赔礼道歉、述说告别的话等行为明显改变的人。

（20）情绪突然明显异常者，如特别烦躁，高度焦虑、恐惧，感情上易冲动，或情绪异常低落，或情绪突然从低落变为平静，或饮食睡眠受到严重影响等。

四、自杀预防的层级

自杀预防可分为三级。

（1）一级预防，主要是指预防自杀倾向的发展。措施包括管理好高层建筑的顶楼、毒药、危险药品和其他危险物品；监控有自杀可能的高危人群；积极对自杀高危人群进行心理危机干预或躯体疾病治疗；广泛宣传心理健康知识，提高人们应对生活困难、克服交往障碍的能力。一级预防的重点是尽早发现具有自杀倾向的危险人员，及时排除各种生活事件所形成的心理压力，积极调节干预对象产生的心理障碍，宣传和培训各种应对心理压力的技巧，在学习、生活和工作中创建良好的集体和家庭心理环境。

（2）二级预防，主要是指对处于自杀边缘的个体进行心理危机干预，通过心理咨询热线，或面对面心理咨询服务，帮助有轻生念头的人摆脱困境，打消自杀念头。二级预防的重点是主动做好对有自杀倾向者的心理咨询，积极为患有抑郁症或抑郁心境的个体提供心理咨询或心理治疗，帮助他们摆脱由于巨大心理压力而产生的抑郁；在社会发生自杀事件或高危事件时，主动做好心理引导，采取积极措施，避免因感应和模仿引发传染性自杀行为；在各种危机事件发生时和发生后，要积极进行心理危机干预工作，及时给予心理救助，消除可能出现的自杀意念，防止自杀行为的发生；积极控制容易导致自杀的客观环境，特别是对于那些已确定有自杀倾向者，要对其行动和周围环境中可能导致他们自杀的危险物品进行必要的控制，做好各种防范工作。

（3）三级预防，主要是指采取措施预防曾经有自杀未遂史的人再次自杀。三级预防的重点是主动做好有自杀未遂史、又有可能采取自杀行为者的心理干预工作；对他们的生活和日常行为采取一定的保护性措施，在一定的时间里，有专人陪同；控制容易导致自杀的客观环境；安排当事人去有关医院接受心理咨询或心理治疗。

第三章

自杀心理危机干预理论

自杀心理危机作为一种重大的心理危机，是心理危机干预的重要内容。但是，目前没有哪一种单一的理论能够完全涵盖解释自杀心理危机干预的所有观点，这就需要我们既要从心理学的基本理论中去汲取能量，又要从心理危机干预的专业理论中获得支持。

一、自杀心理危机干预的基本理论依据

（一）精神分析理论

精神分析理论产生于 19 世纪末 20 世纪初，由西格蒙德·弗洛伊德创立，是在医疗实践中创立的一种独特理论，后来在实践中不断得到发展。安娜·弗洛伊德、哈特曼、埃里克森等人形成了精神分析的自我心理学理论，霍妮、弗洛姆和沙利文等人形成了新精神分析理论，这些理论不断丰富着精神分析理论体系，也不断影响着临床心理治疗。至今为止，精神分析的学术思想仍然是心理学理论体系中最重要的内容之一。

1. 人格结构理论对自杀心理危机干预的理论指导

弗洛伊德将人格结构分为本我、自我和超我。本我（id），是与生俱来的动物性的活动，遵循着快乐原则，它不顾及社会道德规范和法律法规的约束，追求本能欲望的即时满足。弗洛伊德将本我中的基本需求称为"生本能"，是促进

个体开展生存活动，如进食、饮水、睡眠、性等活动的驱动力，代表一种进取性、建设性和创造性的力量，指向生命与种族的延续；除了"生本能"，本我还包括破坏性、攻击性与自毁性的原始性冲动，弗洛伊德将其称为"死本能"，杀人或伤人行为，就是本我中"死本能"的对外释放，自杀则是"死本能"的对己释放。自我（ego）是现实化的本能，介于本我和超我之间，它遵循现实原则，即本我的各种需求，如果不能在现实条件下获得即时满足，就必须迁就现实的限制，学习如何在现实中获得需求的满足。超我（superego）是道德化的自我，它遵循道德原则。超我是个体在长期的社会生活中，将社会的道德规范要求和法律法规等内化的结果。

本我追求欲望的满足，是必要的原动力。超我按照社会道德法纪要求维持正常的人际关系和社会秩序。自我则需要按照现实的原则不断权衡和调节本我与超我之间的矛盾，既按照现实和超我的要求，延迟转移释放本我的能量，又给予本我欲望适当的满足。因此，一个心理健康的人，他的本我、自我和超我之间是彼此协调的。如果本我、自我和超我之间失衡冲突了，他的各种本能欲望得不到社会道德规范的接纳，社会道德规范要求的，他又很难做到，于是自我就变得左右为难，既无法适应社会，也很难与别人建立和谐的人际关系，内心充满了矛盾与痛苦，容易引发各种心理危机，甚至诱发自杀。因此，在自杀心理危机干预中，要重点关注当事人本我、自我和超我之间的矛盾，缓解这些冲突，稳定情绪，帮助他们恢复内心的和谐。

2. 焦虑与自我防御理论对自杀心理危机干预的理论指导

人格发展过程中，如果本我、自我和超我产生冲突，就会引发个体焦虑。弗洛伊德将焦虑分为现实性焦虑、神经性焦虑和道德性焦虑。例如，某人受到恐怖袭击，这种恐惧来自外部世界，因此会引发他的现实性焦虑。相反，神经性焦虑和道德性焦虑是来自个体内部的威胁。当个体担心不能控制自己的情感和本能而作出会引来权威者惩罚的事情时，神经性焦虑就会出现。例如，某人从事重要工作时，总是担心自己因能力不足无法顺利完成工作而被领导处分，因而抑制不住地反复检查工作方案，这种焦虑就属于神经性焦虑。当个体担心会违反社会标准时，道德性焦虑就会出现，如某人捡到别人遗失的重要财物并据为己有时，就会诱发他的道德性焦虑。

为了能有效应对现实性焦虑、神经性焦虑和道德性焦虑，个体需要启动自我心理防御机制。通常，这些心理防御机制会无意识地运行，以帮助个体减轻压力、适应环境，维持心理平衡。但是，如果这些心理防御机制被过度使用，就会发展成一种回避现实的病态。这种理论最初是由弗洛伊德提出的，之后安娜·弗洛伊德对其进行了系统的整理，后来的心理学家进行了补充和完善。处于自杀心理危机中个体常见的自我防御机制有压抑、否认、反向形成、投射和退行。

1）压抑（Repression）

压抑是指将那些危险的或令人痛苦的想法和感受排除在知觉范围之外，是一种最基本的防御机制，也是焦虑的来源。被压抑的欲望与冲动并没有消失，而存在于潜意识当中，一旦遇到合适的时机，就会寻求爆发或满足。长期使用压抑的防御机制来处理现实危机，会积累被压抑的原始欲望与冲动，极端行为爆发的可能性也随之提高。例如，一个人陷入自杀心理危机的原因，是长期遭受欺凌或不公正待遇而忍气吞声，最终选择自杀。

2）否认（Denial）

否认是指人们有意识或无意识地拒绝使人感到焦虑痛苦的事件，是防御机制中最简单的执行方式。处于自杀心理危机中的个体，常采取否认的防御机制回避现实困难，直到不得不直面时，个体内心趋于崩溃。例如，某人邀同伴一起去游泳，眼看着同伴不幸溺亡却无力施救，他可能会采取否认的方式，拒绝接受同伴溺亡，但当他不得不面对现实时，可能陷于精神崩溃，甚至出现自杀倾向。

3）反向形成（Reaction Formation）

反向形成是人们通过采取与令人不安的欲望相反的有意识的态度和行为，从而避免自己无法接受的冲动，使自己无须直面本应出现的焦虑。这种表现可能是个体会用虚情假意的爱来隐藏自己的恨。例如，某人痛恨领导欺凌新来的同事，可能用讨好奉承的方式来迎合领导，以此避免痛恨领导的情绪外显而影响与领导的人际关系。如果他长期使用反向形成的防御机制，可能因负性情绪积压或持续心理冲突导致爆发式释放，甚至出现杀人或自杀的倾向。

4）投射（Projection）

投射是指把自己产生的无法接受的情感或意念归因于他人。例如，某人曾因极度自卑而自杀，原因是他觉得自己有很多缺点，对自己很失望，他还认为，别人都关注着自己的这些缺点，与别人的互动交流中处处能感受到别人对自己的失望，于是对自己和生活失去信心，选择自杀。

5）退行（Regression）

退行是指当个体遇到强大的压力、焦虑时，可能会采取过去适宜、现在已经不成熟的行为，倒退到一个早期的人格发展阶段。例如，学生在临考时压力很大，出现强烈的不适应感，产生尿床的行为。这种退行行为是严重适应不良的表现，会给当事人带来更大的焦虑和心理冲突，如尿床可能带来的非议或嘲笑，这些反过来会加重他的适应不良，诱发当事人极端否定性的自我评价，甚至诱发自杀。此外，很多因适应不良而自杀的人，也可能会在自杀前出现一些退行行为，这也成为自杀识别的线索之一。

通常，处于自杀心理危机中的个体，容易陷在各种焦虑中无法自拔，因此，帮助当事人澄清焦虑的类型和分析自我防御机制的方式，对稳定当事人情绪、解除自杀心理危机具有重要意义。

3. 个体心理学理论对自杀心理危机干预的理论指导

阿德勒的个体心理学取自"Individual"的拉丁文原意，即"整体、不可分的"。他反对像弗洛伊德那样将心理划分为几个部分，并强调本能的观点，他主张以一种整体的视角来研究心理学，并借鉴了社会学的理论角度。

阿德勒认为推动人们成长的动力，不是力比多，而是人们对于自卑感的补偿。他认为每个人出生都会有一种自卑感，当人们认识到自己的不足而产生自卑感时，就会给自己设定一个目标来弥补这一缺陷，在实现一个目标以后，又会发现新的不足并开始进行新一轮的努力，就在这样的不断实现与超越中实现个体的成长。人们为了实现对自卑的超越，会发展出个体所特有的一系列行为方式，阿德勒将其称为生活风格。要了解一个人的生活风格，可以从出生顺序、早期回忆和个体对梦的解释中探寻。

阿德勒的个体心理学为开展自杀心理危机干预提供了重要的理论指导，很大一部分处于自杀心理危机中的个体，正是因为未能良好地处理自卑与超越的矛盾，对生活失去希望，对自己失去信心，充满了挫败感和无助感，才选择自杀的。因此，在开展自杀心理危机干预时，可以通过其朋友和亲人，了解他原生家庭的成员出生顺序，对当事人的人格及行为方式进行初步评估；也可以通过他的亲人或最亲密的朋友获取其早期的生活经历，尤其是他本人曾经谈论过的早期记忆，因为人们对童年的记忆在很大程度上会影响他们现在的行为；还可以在当事人进入稳定期以后，在良好的咨访关系的基础上，引导当事人分享他的梦境及他对于梦境的解释，因为个体在梦境中对问题持有的态度和体验的情绪与清醒时的一致性是比较高的。通过这些方式全面地了解当事人，分析其心理危机的产生原因，帮助他稳定情绪、化解危机。

4. 客体关系理论对自杀心理危机干预的理论指导

客体关系理论将关注的焦点转向个体成长和正在经历的环境。客体关系是指人与人之间的关系，客体关系中的客体指的是有特别意义的人或物，是个人感情的内驱力或目标。客体关系理论认为，父母（尤其是与母亲的亲密关系和母亲的养育）及其他的重要他人作为一种外部客体，对建立内部心理结构有着非常重要的影响，人格的形成是外部客体内化的结果。内化是一个心理过程，是指个体将其所处环境中的规则性互动和特征转化为内部的规则和特征。处于自杀心理危机中的个体，之所以矛盾地处于自杀和求生欲，即死本能和生本能之间，既与他所处的外部环境和经历的现实事件有关，也与他的人格基础和对现实环境与事件的认知表象有关。这些认知表象是与客体有关的映像、想法、感觉或记忆，也被称为客体表象或内在客体。在开展自杀心理危机干预时，必须对当事人的重要他人和重要事物做深入了解，为当事人提供重要的社会支持和可利用的资源，减少他们的无助感，帮助他们重建希望感。

精神分析理论在自杀心理危机干预中应用的核心是"分析"，无论是经典的精神分析理论还是新精神分析理论，都帮助当事人解决内心的冲突，达到整合的最佳心境，从而解除心理危机状态，实现个人的成长。

（二）行为主义心理学理论

行为主义是由美国心理学家华生 1913 年创立的，行为主义倡导心理学从对意识的研究转向对行为的研究，认为所有行为都是由外部环境因素引起的，主张研究可观察的行为。华生强调心理学研究行为的任务是查明刺激与反应之间规律性的关系，从而根据刺激预知反应，或根据反应推知刺激，从而预测和控制人的行为。华生有一个著名断言："给我一打健全的婴儿和我可用以培育他们的特殊世界，我可以保证，随机选出一个，不论他的才能、倾向、本能和他父母的职业及种族如何，我都可以把他训练成为我所选定的任何类型的特殊人物，如医生、律师、艺术家、商界领袖，甚至乞丐或小偷。"

1. 经典条件反射理论对自杀心理危机干预的理论指导

20世纪初，生理学家伊凡·巴甫洛夫在研究狗的消化作用时发现了条件反射，这被公认为是发现了人和动物学习各种行为的最基本的生理机制理论。巴甫洛夫认为，反射分为无条件反射和条件反射两种类型。无条件反射是指有机体生来固有的对保存生命有重要意义的反射，如异物入眼人本能地分泌眼泪；条件反射是通过在有机体大脑皮质上建立暂时神经联系来实现的，是有机体在无条件反射的基础上后天习得的反射，如学生听到上课铃就进教室。

巴甫洛夫提出的强化与消退、泛化与分化的概念，对开展自杀心理危机干预有重要意义。强化是将条件刺激与无条件刺激在时间上的结合，但当条件刺激不被无条件刺激强化时，就会出现条件反射的消退。泛化是指在条件反射形成初期，除条件刺激本身外，那些与该刺激相似的刺激也能引起条件反射；而分化则能有效区别条件刺激和相似的条件刺激，只对条件刺激发生反应。例如，一名学生军训前听到起床哨不会产生起床的反应，但是军训以后通过训练，他听到起床哨产生了起床的行为反应，这就是强化。当该学生因适应障碍而被迫中断训练时，如果对他没有一日生活制度的要求，那么他听到哨声起床的行为就可能会逐渐消退。如果其适应障碍日益严重，他可能在听到哨声甚至闹铃声、电话声时，都会产生严重的应激反应，这就是泛化。而经过一段时间的针对性干预治疗后，该学生的反应可能产生分化，只对哨声产生反应，而对闹铃声、电话声不再产生反应。

这种应答性经典条件反射在治疗中的应用称为行为治疗，最初是通过华生等人对儿童的动物恐怖脱敏发展起来的。根据这一原则建立的第一个系统的行为治疗模式是20世纪50年代由沃尔甫提出的交互抑制的系统脱敏法。在开展自杀心理危机干预过程中，系统脱敏法常被用来治疗不良行为反应。

处于自杀心理危机中的个体，可能因为对某个特定事件、特定人物、特定物品或泛化对象产生极度的恐惧和焦虑，最终选择自杀，因此，在进行心理干预时，对不良行为的矫正通常需要用到系统脱敏法。

系统脱敏治疗自杀心理危机的步骤如下。

（1）教危机当事人掌握放松的技巧。处于自杀危机中的个体情绪常陷入高度焦虑或恐惧状态，干预者可以让危机当事人平躺，全身处于放松状态，让他想象自己处于一个非常安全、非常舒适的情境中，内心逐渐安静平和。干预者用轻柔的声调引导当事人依次练习前臂、头面部、颈、肩、背、胸、腹及下肢的放松，重点强调面部肌肉放松。每天一次，每次20～30分钟，要求当事人反复练习，直至运用自如。

（2）构建焦虑或恐惧等级。在良好的咨访关系的基础上，干预者引导当事人说出他焦虑或恐惧的事件或情境，然后让当事人对其焦虑或恐惧进行等级划定，从引起最小焦虑或恐惧到最大焦虑或恐惧，按照0～100构建一个等级表，0代表完全放松，100代表难以承受的最高等级。每一级刺激引起的焦虑量或恐惧量，应是全身放松能应对的程度，这是系统脱敏治疗的关键之处。干预者要求当事人闭上眼睛想象所能接受等级的刺激画面，画面要具体、清晰，能让当事人置身其中并唤起情绪或躯体反应。

（3）系统脱敏。在当事人基本掌握放松技术后，按照其所构建的焦虑或恐惧等级表，由小到大逐级脱敏。即让当事人想象最低等级的刺激情境，当他感受到紧张或恐惧时，中止他的想象，引导他进行放松训练，缓解所诱发的情绪或躯体反应，等他情绪平复后再重复以上过程。每次放松后，干预者都要询问当事人的焦虑或恐惧分数，如果超过25分，就需要继续放松。反复训练后，如果当事人对此等级情境不再焦虑或恐惧了，就可以进入更高等级的脱敏治疗了。如此逐级而上地进行脱敏治疗，直到当事人对最高等级的刺激脱敏，并鼓励当事人在生活中不断练习，巩固疗效。

2. 操作性条件反射理论对自杀心理危机干预的理论指导

操作性条件反射理论体系形成于20世纪30年代以后，是斯金纳在巴甫洛夫经典条件反射学说的基础上，凭借精确严谨的行为分析方法，建立的操作行为主义体系。它对一些难以回避的主观现象坚持以操作强化原理进行具有说服力的解释,极大地提高了预测和控制有机体行为的能力,也推动了心理学在教育、管理、临床心理咨询等领域的广泛应用。

斯金纳操作性条件反射是指由强化有机体自发的操作性行为而形成的条件反射。操作性条件反射原理既可以用于消除一种不良行为,也可以用于巩固理想的行为。

斯金纳操作性条件反射的两个基本过程是强化和惩罚。斯金纳认为,在任何特定的情境下,个体的行为都很可能伴随着某种结果,如得到赞扬、报酬或解决问题后的满足感,那么今后在类似情况下,个体很可能重复这一行为,这些结果被称为强化。如果个体的行为伴随着负性或令人不悦的结果,那么今后在类似情况下,个体很少会再重复这一行为,这些结果被称为惩罚。斯金纳操作性条件反射在心理治疗中的应用称为行为矫正,广泛用于个体治疗和集体治疗。阳性强化法就是基于操作性条件反射理论的,它认为行为是后天习得的,一个习得行为如果得以持续,一定与它的结果被强化有关,如果想建立或保持某种行为,必须对其施加奖励;如果要消除某种行为,就得设法给予惩罚。这种被称为赏罚法的行为矫正方法常被用于自杀心理危机干预,在实施过程中,以阳性强化法为主,及时奖励正常行为,漠视或淡化异常行为。例如,某人人际关系冷漠,平时别人很少关注或关心他,他偶然一次受伤的经历,让他体验到了受伤后领导、朋友对他的关心和关注,被关心、被关注就成了他受伤这一刺激的反应,如果受伤(刺激)和被关心(反应)之间在时间上反复结合,可能就会强化他的受伤行为,他可能会反复出现自残或自杀行为。但若朋友发现他是蓄意自残或自杀以博取关注,在他自残或自杀以后,不再热情关注他,甚至鄙夷这种行为,那么他的自残或自杀行为就可能因得不到强化而消退。

3. 社会观察学习理论对自杀心理危机干预的理论指导

20 世纪 60 年代,认知心理学日益崛起,形成了班图拉的社会观察学习理论。在认知心理学思想和方法的冲击下,班图拉的社会学习理论突破了行为主义把人类仅看作由外部环境刺激塑造的被动接受者的局限,注重社会互动在行为塑造和控制方面的作用,强调人的主观能动性。他的学习理论将强化理论和信息加工理论有机地结合在一起,又被称为社会认知行为主义。

观察学习又称替代学习,是指个体通过对他人的行为及其强化结果的观察,获得某些新的反应,或使现存的行为反应特点得到矫正。它具有三个特点:一是观察学习并不一定具有外显的反应;二是观察学习并不依赖直接强化;三是认知过程在观察学习中起着重要作用,思维、信念和期待等认知过程调节着人的行为,通过改变认知,可以改变人的行为。

生活中,人们的很多行为都是观察学习得来的,其中也包括自杀行为。在临床咨询和治疗中发现,很大一部分自杀者存在家族自杀史或自杀接触史,即目睹过自杀或接触过经历自杀危机的人。例如,某人幼年时曾目睹母亲自杀,后经历挫折与失败,也选择自杀的方式解脱,这都是一种社会观察学习。因此,我们在开展自杀心理危机教育时,往往不会详细介绍自杀者的自杀过程或自杀细节,以避免自杀模仿。

班图拉的社会观察学习理论在心理治疗中的应用称为模仿法,又称示范法,是向危机当事人呈现某种示范行为,让其观察示范者是怎么做到,之后又得到了怎样的后果,以引起当事人模仿示范者开展类似行为的治疗方法。这种模仿法常被用于自杀心理危机干预的心理治疗和行为矫正。通过对处于自杀心理危机中的个体进行心理分析,引导他观察那些与他有着相似经历或同样困惑的人或者他认为优秀的人解决矛盾和困惑的行为方式;然后,引导危机当事人将观察到的行为进行认知上的演习或实际上的操作,以便长久记忆;接下来,引导危机当事人正确选择和重新组织反应要素,在信息反馈的基础上进行自我观察和矫正反馈,并在足够的动机和激励作用下实施观察学习行为。通过这种方式,帮助自杀心理危机中的当事人从示范者身上学习积极行为,矫正不良行为,化解自杀心理危机。

(三)认知心理学理论

认知心理学是 20 世纪 50 年代以后在美国逐渐兴起的,它认为人的情绪、情感、动机和行为是由认知活动决定的。认知疗法是认知心理学的临床应用,它认为当事人的不良情绪和行为是不良认知(歪曲的、不合理的、消极的信念或思想)和思维方式导致的。治疗的基本原则就是通过改变人的认知来矫正人的不良行为。

1．贝克的认知理论对自杀心理危机干预的理论指导

贝克认为每个人的情感和行为在很大程度上依赖他们认知外部世界的方式和处世的方法。贝克认为如果人们不能正确进行认知和思维，对外界信息不能作出适当的解释和评价，或者对自己的自动化思维中的某些错误观念不能内省和批判，或者不顾客观现实，过分刻板地按照个体成长过程中习得的社会认可的行为准则行事，就会导致行为与环境不相协调，出现情绪困扰和不适应的行为。

贝克认为有情绪困扰的人容易犯特有的逻辑错误，即将客观现实向自我贬低的方向歪曲，贝克把认知过程中常见的不合理认知总结为以下几种。

（1）主观推断。主观推断即在证据缺乏或不充分时就草率地得出结论。在大部分情境中，都是往最糟糕的情况和结果去进行主观推断。

（2）选择性概括。选择性概括即仅根据个别细节而不考虑其他情况便对整个事件下结论。在这一过程中，其他信息被忽略，整体背景的重要性也被忽视，而那些与失败和剥夺相关的内容被关注。

（3）过度引申。过度引申是指在一件事的基础上得出关于能力、操作或价值的普遍性结论。

（4）夸大或缩小。夸大或缩小即用一种比实际大或小的意义来感知一个事件或情境。

（5）极端思维。极端思维即用全或无、非黑即白的方式来思考和解释，或者按照"不是/就是"的两极思维对经验进行分类。

认知疗法理论强调人的认知、情绪和行为三者的和谐统一，且认知起主导作用。因此，要开展自杀心理危机干预，解决当事人的各种情绪问题和制止自杀行为就必须重视改变当事人的认知方式。危机干预者可以按照贝克提出的五种具体的认知技术，开展自杀心理危机干预。

（1）识别自动思维。很多处于自杀心理危机中的个体，意识不到在不愉快情绪出现之前，已经存在了一些容易导致错误认知的自动化思维，因此当事人在认识过程中首先要学会识别自动思维，尤其是那些在愤怒、悲观和焦虑情绪之前出现的特殊思维。

（2）识别认知性错误。处于自杀心理危机中的个体容易从消极的角度来看待和处理一切事物，他们的观点往往与事实大相径庭，并带有强烈的悲观色彩。典型的认知错误有之前提到的五种常见的不合理认知。

（3）真实性检验。真实性检验即将当事人的自动化思维和错误观念视为一种假设，然后鼓励当事人在严格设计的行为模式或情境中对这一假设进行验证。通过这种方法，让当事人认识到他原来的观念是不符合实际的，并自觉加以改变，这是治疗的核心。

（4）去中心化。有些处于自杀心理危机中的个体会感到自己是人们注意的中心，一言一行都受到他人的瞩目和评论，所以会产生强烈的无助感和悲观感。此时，干预者可以要求当事人改变以往与人交往的方式，在行为举止上稍有变化，然后让他记录别人不良反应的次数，结果当事人会发现很少有人注意到他的变化。

（5）抑郁和焦虑水平监控。处于自杀心理危机中的个体往往认为他们的抑郁或焦虑情绪会一直持续，而实际上，情绪是存在开始、高峰和消退周期的。鼓励当事人了解情绪波动规律，并对自己的抑郁和焦虑情绪进行监控，有利于提高治疗信心。

认知疗法以当前为关注点，治疗目标包括缓解症状，帮助当事人解决他们最紧迫的问题，以及教给当事人防止复发的方法，因此非常适用于开展自杀心理危机干预。

2. 埃利斯合理情绪疗法对自杀心理危机干预的理论指导

合理情绪疗法又称为理性情绪疗法，是美国著名心理学家埃利斯于 20 世纪 50 年代首创的一种心理治疗理论和方法。这种方法通过纯理性分析和逻辑思辨的方式改变非理性观念，从而解决情绪和行为上的问题。ABC 理论是合理情绪疗法的核心理论，其中，A 代表诱发事件（Activating Events），B 代表个体对这一事件的看法、解释和评价（Beliefs），C 代表这一事件过后个体的情绪反应和行为结果（Consequences）。在一般情况下，人们总是认为是外部诱发事件（A）直接引起了情绪和行为反应结果（C）。埃利斯认为，情绪和不良行为结果（C）并非由外部诱发事件（A）本身所引起的，而是由个体对这些事件的看法、解释和评价（B）造成的，尽管这一过程因自动化而不经常被人所意识。要改变情绪和行为结果，就必须改变自己的想法和观念，这是治疗实践的核心。治疗所用的重要方法是驳斥和辩论不合理信念（D）（Disputing Irrational Beliefs），使之转变为合理的观念认知，最终形成新的情绪和行为治疗效果（E）（New Emotive and Behavioral Effects）。因此，形成了 A—B—C—D—E 治疗模型。

在开展自杀心理危机干预的过程中，干预者可以向当事人介绍合理情绪疗法的 ABC 理论，使当事人能够接受用这一理论来分析自己的问题；然后帮助当事人领悟自己的情绪和行为问题并不是由早年生活经历和现实生活事件引起的，而是由他现在持有的不合理认知造成的，是可以改变的，他必须对自己的情绪和行为反应结果负责；通过与当事人的不合理信念辩论，开展各种专业的心理治疗技术应用，帮助当事人摆脱原有的不合理认知和思维方式，在认知方式、思维过程和情绪行为表现等方面重建新的反应模式，减少他在日后生活中的情绪困扰和不良行为反应，解除自杀心理危机。

（四）人本主义心理学理论

20 世纪 60 年代初，人本主义心理学在美国兴起，它既反对精神分析的生物还原论，又反对行为主义的机械决定论，因此被称为心理学的第三势力。它主张研究人的本性、潜能、价值、生命意义和自我实现等。人本主义心理学认为人性本善，人类的本性中蕴藏着无限的潜力。人本主义心理学的研究，不仅侧重了解人性，更主张改善环境以利于人性的充分发展，从而达到自我实现的境界。

1. 马斯洛的自我实现理论对自杀心理危机干预的理论指导

亚伯拉罕·马斯洛是人本主义心理学最有影响力的人物之一。他认为动机是人类生存和发展的内在动力，需要是动机产生的基础和源泉。马斯洛将人的需要由低向高分为五个层次，依次为生理需要、安全需要、归属与爱的需要、尊重的需要、自我实现的需要。人本主义心理学的核心是自我实现理论，自我实现是最高层次的需要。马斯洛认为，自我实现是指个体在成长中身心各方面的潜能得到充分发展的过程和结果。自我实现的需要是人对于自我潜能发挥和完成的欲望，是一种使人的潜力得以实现的倾向。

在自杀心理危机干预中，我们应该秉承人本主义心理学自我实现的理论，相信危机当事人自己的力量，他们本身具有强大的自我修复的能力，我们只需要帮助他厘清思路，营造良好的社会人际环境，当事人凭借自己的力量就能走出困境，重获新生。我们可以将马斯洛对希望成为自我实现的人提出的几条建议，送给处于自杀心理危机中的个体：

（1）把自己的感情出口放宽，要有宽广的心胸。

（2）在任何情境中都尝试从积极乐观的角度看问题，从长远的利益做决定。

（3）对生活环境中的一切多欣赏、少抱怨，有不如意的地方设法改善。

（4）设定积极可行的生活目标，然后全力以赴去实现自己的目标，但是也绝对不能期望未来的结果一定不会失败。

（5）不要使自己的生活僵化，要为自己在思想上和行动上留一些弹性空间，偶尔放松一下身心，有助于自己潜能的发挥。

（6）与人坦率相处，让别人看到你的长处与缺点，也让别人分享你的快乐与痛苦。

2. 罗杰斯的以人为中心的心理治疗论对自杀心理危机干预的理论指导

卡尔·罗杰斯是人本主义心理学的创始人，他认为人性的核心从本质上来说是积极发展变化的，每个人都值得信赖，都有丰富的潜能资源等待去开发，通过不断的自我理解、自我指导、积极改变，走向自我实现。人有自我实现的倾向是以人为中心的心理治疗论的核心。

"以人为中心的治疗"是人本主义心理治疗的重要内容，也是罗杰斯对心理学的一个最突出的贡献。该理论充分相信人的潜力，认为应把主动权交给当事人，以当事人为核心，在整个治疗过程中，无须直接干预，只要建立融洽的咨访关系，营造安全、真诚、理解、共情的氛围，就能发掘当事人的潜力进行自我治愈。咨访的重点不是放在当事人的过去，不一定要追究当事人的病史或病因，而是直接处理当事人当前的情绪困扰，帮助当事人寻找迷失的自我、探寻真实的自我、重建新的自我，不仅解决当事人当前的问题，更要促进当事人的人格成长。

"以人为中心的治疗"从根本上来说是一种以关系为主导的方法，因此在罗杰斯的治疗策略中并不包括为当事人做什么的技术。没有固定的步骤、技术或工具可以促进当事人向某一治疗目标进步，取而代之的是对关系体验的促进策略。"以人为中心的治疗"必须具备三个必要的态度性条件，才能形成一种不具威胁性和防御性的、开放的治疗关系，使当事人愿意暴露并重新评价自己的主观体验和经验世界。

（1）无条件的积极关注。无条件的积极关注即对当事人完全的接纳、不评判、不指导、由衷的信任和正性期望。这是心理治疗的根本立足点，干预者越是让当事人体验到一种温暖、积极、接纳的态度，成长和变化就越有可能发生。

（2）准确的共情。准确的共情是干预者站在当事人的立场角度，用当事人的价值评价标准去看问题，与当事人感同身受，避免主观的评价和任何一种理论的解释，更不要提供预先规定的行为处方。干预者关注当事人的叙事性陈述及情感活动，帮助当事人呈现、澄清并进一步探索自己的体验。积极的倾听有利于准确的共情。

（3）真诚透明。真诚透明是指干预者不把真实的自己藏在职业角色背后，在治疗中的表现与在现实生活中一样坦率，自由地表达和交流，而不是被某种角色和技术所羁绊。

在"以人为中心的治疗"中，当事人的经验感受才是治疗和咨访的焦点所在。这个过程不是以问题、症状或行为为中心的，而是当事人对自己的经验开放，自由而充分地体验自己的情感、信任自己的过程。

在开展自杀心理危机干预中，也应坚持"以人为中心"的治疗，以促进个体人性的实现和人格的改变为终极目标。次级目标则是帮助他们改变自我结构，以开放的态度对待情绪经验，缩小自我认知与自我体验之间的差异，学会倾听自我，与内在的声音对话，接纳自己的情绪和感受，减少内在冲突、增强自尊心和自我整合能力，渡过心理危机，提高对生活方式的满意度，从而成为一个自我实现的人。

二、自杀心理危机干预的专业理论基础

心理学家亚诺希克（Janosik）将危机理论概括为三个不同的水平，即基本危机理论、扩展危机理论和应用危机理论。

（一）基本危机理论

基本危机理论最早由林德曼（Lindemann）和坎普兰（Caplan）提出。林德曼从亲人死亡所产生的哀伤反应过程中对心理危机进行了现象学上的阐述。很多人经历丧失，并没有特定的病理学诊断但却表现出症状。林德曼认为这是人们在失去亲人后产生的哀伤反应，是一种正常的、暂时性的心理现象，通过短期的心理危机干预技术治疗就能得到较好的效果。这些正常的哀伤反应包括：一是时常想起去世的人；二是从认知上对已故之人进行认同；三是出现内疚和敌意的情绪；四是日常生活出现某种程度的紊乱；五是出现某些躯体化症状反应。林德曼反对将这种哀伤反应当作心理异常或心理病态进行治疗。

林德曼关心的主要是经历丧失后哀伤的及时解决。坎普兰在林德曼的研究基础上对危机事件进行了拓展，将其结构扩大到所有的创伤性事件。坎普兰认为危机本身是一种心理危机状态，其根本原因是现实的目标受到阻碍，且用常规的行为和方法无法克服阻碍实现目标。从阻碍目标的性质上来看，危机可分为发展性危机和境遇性危机。几乎每个人在其一生中都会遇到各种危机，有自身的发展性危机，也有当下的境遇性危机。但这种危机更多地取决于个体的主观感受，即个体在主观上认为某一个事件威胁其安全的需要或其他特定需要时，个体就会处于危机状态。

针对人类对创伤性事件的普遍反应，林德曼和坎普兰的研究推动了危机干预策略在心理咨询和短程心理治疗中的使用。在他们的带领下，基本危机理论将焦点集中于帮助危机中的个体认识和矫正因创伤性事件引发的暂时性认知、情绪和行为的扭曲。

在个人成长发展过程中,不可避免地会遇到各种发展性危机和境遇性危机。他们经历亲人去世会产生哀伤反应,经历创伤性事件也会诱发一系列的心理反应,如果暂时性的认知、情绪和行为扭曲得不到有效调整,就可能诱发自杀心理危机。

林德曼和坎普兰的基本危机理论为我们揭示了一个重要的事实:危机首先是主观上的,危机也是普遍存在的。危机是一种阻碍,但也蕴含着成长。处于自杀心理危机下的个体如果能减少消极情绪和不合理的认知,增强应对能力,危机就会成为个体成长的重要契机。因此,危机是一个个体、组织和社会发展的重要转折点,其危险中暗含着发展的机遇。

(二)扩展危机理论

随着危机理论和干预实践的不断发展,人们越来越清楚地认识到,以精神分析方法为基础的基本危机理论没能充分阐述使事件成为危机的社会、环境和境遇因素。在发展、社会、心理、环境和境遇等决定因素的联合作用影响下,任何人都可能出现暂时的病理症状。因此,扩展危机理论在林德曼和坎普兰的基本危机理论的基础上,从一般系统理论、生态系统理论、适应理论、人际关系理论、混沌理论和发展理论中吸取有用的成分,来解释心理危机反应,帮助人们更全面地理解心理危机反应现象背后的机制。

1. 精神分析理论

扩展危机理论中的精神分析理论认为,一个事件之所以成为心理危机,与个体童年早期的创伤和情绪经历是分不开的,危机事件中的心理行为反应可以理解为个体无意识或过去情绪经历的一种重现,是某些儿童早期固着的体现。该理论有助于理解个体心理危机的深层动力机制。

个体自杀心理危机的产生,势必与其早期经验相关。危机干预者在对自杀心理进行干预时,可以通过获得进入当事人的潜意识思想和过去情绪经历的机会,进而理解当事人在危机状况下产生的心理行为反应失衡状态。这个理论可以帮助当事人理解其在危机状态下行为的动力和原因。

2. 系统理论

系统理论的基本概念是对一个生态系统,所有的要素都相互关联,且在任何相互关联水平上的变化都会导致整个系统的改变。因此，扩展危机理论中的系统理论认为，危机事件中的心理行为反应不是单一个体的内部反应，而是这个个体与其他个体之间、个体与事件之间的一种相互关联和相互作用的结果。系统理论强调的是系统地看待事件中的每个人，而不能单一、静止地看待某个个体。

心理学家贝尔金（G. S. Belkin）指出，该理论涉及一个情绪系统、一个沟通系统及一个需要满足系统，所有属于系统的成员都对别人产生影响，也被别人影响。相比传统理论将焦点集中于个体发生的变化，系统理论更倾向于从社会和环境的范畴，而不是从影响个体的线性因果关系来考察危机。

这种系统理论的观点对于自杀心理危机干预工作具有极为重要的指导意义，它有助于我们看到自杀危机事件中个体心理行为反应的整体性、关联性、等级结构性、动态平衡性和时序性等系统的基本特征，并建议我们关注处于自杀心理危机中的个体的生活环境和他们的动态相互交往，并从中获得有关诱因、病程、强度和解决办法的信息。

3．适应理论

扩展危机理论中的适应理论认为，消极不良的行为、负性的思维方式和损害性的防御机制是危机长期存在的主要原因。但要改变导致危机的根深蒂固的行为和思想，不是那么容易的。这意味着要打破功能适应不良链，改变适应性机制和应对技巧，促进积极的思想及构筑防御机制以帮助处于危机中的个体克服因危机导致的失能，并向积极的功能模式发展。

自杀心理危机干预的主要任务是打开原有的适应不良行为模式，将适应不良行为纠正为适应性行为，并建立积极的防御机制，从而帮助自杀心理危机中的个体顺利渡过危机，实现成长。

4．人际关系理论

扩展危机理论中的人际关系理论认为，危机的关键之处在于人们在危机事件中失去了自我评价的能力。在危机事件中，人们将自我评价的标准外化，人们的信心主要来源于他人的正性评价。因此，危机干预的关键之处在于帮助当事人重新获得自我评价的控制权，人们只有树立战胜危机、自我成长的信心，才能不断提升能力应对危机。

处于自杀心理危机中的个体，在很大程度上会存在认知偏差，认为自己成了别人的负担，这个世界没有自己留恋和牵挂的人或事，或者自己没有任何存在价值；也会存在自我评价的外化，即丧失了自我评价的能力，当外界未能给他们所期待的正性评价时，会加重他们的自我否定和负性情绪，增加自杀风险。因此，在自杀心理危机干预中，危机干预者的开放、诚信、共享、安全、无条件的积极关心、准确的共情和坦诚，能有效地帮助处于自杀心理危机中的个体增强个人自尊，从而帮助他们重拾对自己的信心和对危机解决的信心。

5. 混沌理论

扩展危机理论中的混沌理论认为，危机中的混乱状态不在于混乱，而在于未知的、不可预测的、自发的规律。人们总以为危机都是混乱无序的，其实混沌并不随意，仔细考察之后就会发现其规律。

混沌理论认为反常的、出乎意料的行为可能在可预测的系统中发生，相对较小的事件可能导致自杀行为。自杀危机事件看起来情况似乎很复杂、很混乱，危机结构中所有复杂的点和线好像都不能完全描述潜在的和连锁的危机模式，但仔细分析以后会发现，这些模式提供了危机爆发后有关大环境的信息及这些动态系统之间和其对总系统的潜在影响。当处于自杀心理危机中的个体开始意识到他们没办法通过原有的思维模式或前期经验来解决面对的困难时，紧急混乱状况就会进入一个自动运行的模式，通过自发的探索性尝试来应对这个危机，进而在危机中诞生一个新的系统。

6. 发展理论

扩展危机理论中的发展理论认为，在人生的不同发展阶段中有不同的发展任务，阶段的过渡是至关重要的。在生命的特定阶段，未发生和未完成的发展任务会累积起来并引发问题。由于个体的需求与社会的要求和期望发生了冲突，个体不能顺利、完整地进入人生的下一阶段，于是就可能导致潜在的危机。当一个外部的、环境的或情境的危机遇到预先存在的发展危机时，内部的和人际关系方面的问题就会令人崩溃。

发展理论帮助我们更好地理解了自杀心理危机背后的发展性原因，即当个体无法成功驾驭其生命发展阶段时，会变得多疑、内疚、孤僻且迟钝，直到他们再也无力应对，就可能选择自杀作为出路。因此，在自杀心理危机干预的过程中，可以激励当事人不断完善人格，减少潜在的发展性危机，削弱危机性事件的心理影响，降低自杀风险。

（三）应用危机理论

心理学家布拉默认为应用危机理论包括三个方面，即发展性危机、境遇性危机和存在性危机。在布拉默的基础上，詹姆斯从生态理论的视角又提出了生态危机。

1. 发展性危机

发展是人生的主题，埃里克森将人的一生分为八个发展阶段，每个发展阶段都有不同的心理发展任务。在人生正常的成长和发展过程中，突如其来的改变和角色的变化都会使个体产生一定的心理反应，这些事件如果超出了个体的应对能力，则会出现个体性的发展性危机事件。

对一个人而言，入学、毕业、工作、结婚生子、晋升、退休等都是人生中最重要的时刻，有些人在这些重要的人生节点上可能会出现心理危机反应，严重者会出现自杀心理危机。虽然，发展性危机是人生成长中正常存在的普遍命题，但是所有的人和所有的发展性危机都是独特的，不同的个体即使遇到相同的发展性危机事件，因为其潜在的心理机制不同，他们产生的心理反应也不尽相同，因此必须以独特的方式进行评估和处理。

2. 境遇性危机

境遇性危机是指个体遭受了一些个人无法预测和控制的罕见境况或不同寻常的遭遇。因此，境遇性危机一旦发生，几乎所有个体都会出现心理危机反应，甚至自杀心理危机反应。这些事件通常包括重大自然灾害、交通意外、恐怖袭击、绑架、强奸、突发的疾病和死亡等，具有强烈的创伤性体验的特点，相关事件中个体的情绪反应剧烈，造成的结果严重。通常来说，区分情境性危机和其他危机的关键在于它是随机的、突然的、震撼的、强烈的和灾难性的。

3. 存在性危机

存在性危机是指个体因思考一些重要的人生问题带来的内部冲突和焦虑，

如活着的目的、学习的意义、自我的价值、社会的责任、自由与纪律、奉献与承诺等。这种存在性危机可能伴随着领悟、懊悔，也可能伴随着一种压倒性的、持续的感觉。如果一个人一直觉得自己的生活或工作是毫无意义的，这种空虚永远无法以有意义的方式来填补，那么他的自杀风险就会增加。

4. 生态危机

生态危机是指生态系统被严重破坏，使人类的生存与发展受到威胁的现象，是生态失调的恶性发展结果。这些危机包括自然现象中的环境危机，如洪水、地震、暴风雪、泥石流、干旱、火灾等；生物学的生态危机，如流行性疾病、核泄漏事故影响等；政治方面的生态危机，如战争中的战俘问题或难民危机等；经济方面的生态危机，如全球性的经济大萧条等。生态危机有其发生和发展的过程，这种危机在潜伏时期往往不易被察觉，但危机一旦形成，几年、几十年，甚至上百年都难以恢复。

应用危机理论帮助我们厘清了常见的危机事件类型，有利于更好地理解自杀心理危机事件背后的心理学意义，有利于指导我们更有针对性地开展心理危机干预工作。

（四）折中的危机干预理论

目前，危机干预的理论研究已逐渐从任务导向转向操作导向，主张采用兼容并包、博采众长的方式，将各种理论和方法很好地结合起来，根据危机个体的需求选择最适当的方式。折中的危机干预理论是指从所有危机干预的方法中，有意识地、系统地选择和整合各种有效的概念和策略来帮助危机个体的理论方法。

在开展自杀心理危机干预的工作中，首先，应该批判性借鉴各种干预理论和方法，将所有系统中的有效成分，整合为具有内部一致性的整体，指导干预工作实践；其次，应该参考所有相关的理论、方法和标准，因人制宜、因地制宜、因时制宜地制订个性化干预方案；最后，应该保持开放的心态，在干预实践中，对各种理论指导下取得干预实效的方法和策略不断地加以验证，确保个性化的干预方案取得最大成效。

第四章

自杀心理危机干预模式

雷特纳（Leitner）和贝尔金（G. S. Belkin）将心理危机干预分为三种基本模式，即恢复平衡模式、矫正认知模式和心理—社会转变模式。这三种模式为自杀心理危机干预提供了策略和方法。此外，针对生态学因素的发展生态学模式和情境生态学模式，是对解决自杀心理危机有所贡献的两种新模式。还有两种融入实践背景的模式，即心理急救干预模式和评定—危机干预—创伤治疗模式，这两种模式对于解决自杀心理危机具有较强的操作性。

一、恢复平衡模式

恢复平衡模式强调处于危机事件中的个体或组织由于现有的应对方式和解决问题的方法不能满足对危机事件的处置，处于心理和情绪的失衡状态。

运用恢复平衡模式开展自杀心理危机干预，其目标是帮助自杀心理危机事件中的个体重新获得危机前的平衡状态，恢复平衡模式最适合早期干预。对处于自杀心理危机事件中的个体而言，这时他处于失衡状态，失去了对自己的控制，找不到解决问题的方向，难以作出适当的选择，其自杀风险可能增加。因此，自杀心理危机干预工作者的主要精力应集中在稳定个体情绪方面，待个体情绪稳定以后，干预者再对个体进行干预，使个体获得应付危机的能力。

运用恢复平衡模式开展自杀心理危机干预，可以从个体和组织两个层面开展工作。从个体层面而言，心理危机干预的首要目标是接纳、安抚当事人的情绪。从组织层面而言，心理危机干预的第一要务是恢复平衡、维持稳定安全的局面，给危机事件中的个体一个恢复平衡的环境。例如，某单位在执行某重大任务时发生重大人为事故导致任务失败，参与任务的人作为危机事件的亲历者，容易产生自责、自罪的心理，认为是自己的失误导致了任务的失败，并因此出现强烈的情绪反应，甚至产生自杀意念或行为。心理危机干预者要高度关注有强烈情绪反应和极端自责、自罪、高自杀风险的个体，及时对其开展个体干预。此外，整个单位的工作秩序也会受危机事件的影响，为了确保重大任务顺利完成，避免负性情绪广泛传播，这时干预者需要针对普遍存在的心理行为反应，开展心理健康教育，并从组织层面上及时帮助组织恢复正常的工作和日常管理秩序，大部分人才能恢复到危机事件前的健康心理状态，个别高自杀风险者才能更好地稳定情绪，恢复平衡状态。

二、矫正认知模式

矫正认知模式以埃利斯的认知疗法理论为认识基础，该模式认为危机事件中情绪心理反应的核心不在于事件本身，而取决于人们看待该事件的思维方式。该模式的基本原则是，通过改变思维方式，尤其是通过认识个体认知中的非理性内容和自我否定内容，获得其思维中理性和自我强化的成分，危机中的个体才可能恢复理性和重新获得自我肯定，最后获得对危机的控制能力，恢复心理平衡，克服心理危机。矫正认知模式可以解释危机事件中不同个体情绪反应的差异，一般应用于危机事件稳定后，对伴有不良情绪体验和不良行为表现的个体进行干预。

处于自杀心理危机中的个体通常会给自己消极否定和扭曲的信息，这种不合理的认知会大量消耗身心资源，致使其对情境的内部感知向越来越消极的自我对话方向发展，直到他们不再相信在他们的情境中还存在积极的成分；而消极否定性的自我对话及对情境无能为力的认知会影响其行为，其自杀风险极大提高。因此，运用矫正认知模式开展自杀心理危机干预工作应做好以下几点：

（1）引导当事人反思自己的认知模式。干预者应扮演好诊断者和教育者的双重角色。在全面了解当事人的问题及其背后的认知过程，对当事人的问题进行诊断定性的基础上，引导当事人对自己的问题及自己认知问题的过程有所认识，使其能对自己的认知过程和不正确的观念进行反思内省，同时让当事人相信自己仍有正确认识事物和解决当前问题的能力。同时，干预者应让当事人明白他的问题不是简单地来自事件本身，更主要的是来自他对事件的认识。要解决他的问题，就得对他的认知过程和观念进行分析，这样整个干预都能围绕当事人对事物的认知这一中心进行下去。

（2）引导当事人重新认知问题。为了尽快发现当事人自杀行为背后的不正确认知，干预者可以通过提问和自我审查的方式，帮助当事人重新认知问题。提问，就是干预者提出某些问题，把当事人的注意力导向与他的情绪和行为密切相关的方面。这会引出很多当事人以前经历过但又被忽略的问题，通过让当事人比较他们意识到的经验和没有意识到的经验，来发现自己思维过程中的不合理之处并加以改变。自我审查，就是鼓励当事人说出他对自己的看法，并对这些看法进行细致的体验和反省。干预者通过特定的问题，使当事人注意到被他忽略的经验，这些被忽略的经验正是当事人当前自杀心理危机情绪和行为的认知基础。因此，重新对这些经验进行体验和评价，能使当事人发现自己以往的认知过程是不合理的，这样才能有效帮助当事人从原有不合理的认知框架中摆脱出来。

（3）帮助当事人重新认识自己的表层错误观念，即那些常被用来解释自己问题的具体事件。例如，因抑郁症而自杀的个体，他们常认为自己无法适应工作是因为单位管理太严格，自己又没有能力脱离组织、摆脱约束，因此只好选择自杀。干预者可以建议当事人进行某一活动，这一活动与他对自己问题的解释有关，通过这个活动，让当事人检验自己原来的解释是否正确。例如，建议他在遵守单位日常管理制度的情况下适度地自由行动，以帮助他重新认识自由和约束其实不是绝对冲突和对立的，从而推动他重新思考自我认知的合理性。干预者也可以通过演示的方式，向当事人展示某种现实情境，促使他对错误观念的作用方式进行观察。例如，向该当事人讲述或用心理剧演示其他人也因种种适应不良而产生抑郁症状甚至自杀行为，让当事人对其他人进行观察，并体验和分享自己的感受。这么做的目的是让当事人把"我"的行为和观念投射到"角色"身上，实现"主观我"对"客观我"的观察，使当事人能够更加客观、冷静地看待自己的问题。此外，还可以利用模仿的方式，即向当事人展示其他人正确处理该问题的方式，来引起当事人的模仿行为。例如，引导当事人观察与自己经历、处境相似的同事，观察他们是否也存在适应不良的情况，看他们是如何调适的，并从模仿中改善自己的认知和行为。

（4）纠正当事人的核心错误观念。帮助当事人改变用对自我的整体评价代替对某个具体事物的评价的错误认知。例如，引导当事人将"我毫无价值"表述为"我并不是一无是处的，只是在某方面不擅长而已"，将"我很失败"表述为"我只在这件事上不是很成功，但不代表我时时处处很失败"等。干预者可以用"灾变祛除"的方法，即通过严密的逻辑分析使当事人认识到他过高估计了事件引发不良后果的可能性，过分夸大了灾难性后果等，帮助当事人祛除这种夸张性的不合理认知，降低自杀风险；也可以通过"重新归因"的方法，对当事人非现实的假设进行严格的逻辑批判，让他认识到自己思维的不现实性，从而对挫折和失败进行更客观的归因；还可以通过"认知重建"的方法，使当事人学会如何正确使用理性思维来代替情绪化的非逻辑认知。

（5）通过行为矫正来改变当事人的不合理认知。通常，处于自杀心理危机中的个体身上会出现一种恶性循环，即错误的认知导致不良的情绪和行为，这些不良的情绪和行为反过来影响认知过程，给原有的认知提供了预判正确性的证明，从而使不合理认知更加牢固和隐蔽，导致问题进一步加重。因此，干预者应通过设计特殊的行为模式或情境，帮助当事人产生一些平时被他忽略掉的情绪体验，这对改变当事人的认知观念很有用。例如，对一个抑郁症患者而言，他很少有快乐的情绪体验，仅靠语言使他获得积极情绪的效果是很有限的。因此，干预者可以设计一些让抑郁症患者体验成功、体验被人认可或表扬的情境，让他体验到积极情绪并及时强化，督促他回顾获得强化的情绪体验，通过情绪和行为上的改变，促使他反思自己的认知是否有问题。与此同时，在行为矫正的特定情境中，抑郁症患者也学会了获得这些体验的方法，这样有助于他在生活中实践这些获得积极情绪和积极行为的方法，进一步巩固其积极认知的改变。

（6）帮助当事人巩固新的认知方式。干预者应鼓励当事人在生活中积极尝试用新的思维方式取代旧的思维方式，用新的行为方式替代旧的不良行为方式，让当事人内心获得成长，从根本上解除自杀心理危机，放弃自杀行为或自杀意念。矫正认知模式有利于帮助处于自杀心理危机中的个体稳定下来，并回到危机前或接近危机前的平衡状态。

三、心理—社会转变模式

心理—社会转变模式强调资源在个人危机处置中的作用。个体的资源包括自身的能力，也包括个体可利用的环境资源和社会支持。

心理—社会转变模式认为，危机不是一种单纯的内部状态，这个模式涉及个人以外的环境，需要考虑改变的系统成分。因为人总是不断变化、发展和成长的，人的社会环境和社会影响也在不断变化，朋友、家庭、职业、信仰和环境是影响心理适应的几个外部因素，但影响心理适应的外部因素远不止这些。在心理危机干预中，干预者需要帮助当事人评估和确定其内部因素及外部因素的状况，将其内部资源、社会支持和环境资源充分调动、整合起来，指导其重新获得应付困难、渡过危机的方法，使当事人提高应对应激事件的控制能力。

在自杀心理危机干预时，干预者应与处于自杀心理危机中的个体建立良好的咨访关系，在获取他们信任的前提下，与他们进行深度合作，共同探寻并评估与其所处危机相关的内部和外部的困难，然后帮助他们学会正确利用环境资源，寻求可用的社会支持，并注意挖掘和调整自身的应对方式，从而使他们重新获得自己对生活的控制。例如，干预者可以与当事人探讨，在他过去和现在认识的所有人中，谁会关心他发生了什么，以此来获得重要他人和社会支持的线索；也可以探寻当事人可以用哪些行为方式或环境资源来摆脱危机困境，以激发他的求生欲；还可以充分挖掘当事人积极的、有建设性的思维方式，引导当事人对危机情境及问题进行重新思考或审视，以激发当事人内部的积极资源来应对危机。通过这些方式，可以让当事人觉察到他仍具有控制自己想法、感觉、行为的能力，仍拥有可以用来克服危机的社会支持和环境资源，帮助他们获得希望感，帮助他们选择那些对他们有效的可行性方案来渡过危机。与矫正认知模式相似，心理—社会转变模式最适合已经稳定下来的当事人。

四、发展生态学模式

柯林斯（Collins）提出了危机干预的发展生态学模式，该模式将发展阶段、发展问题与影响个人成长的环境结合起来研究。

该模式以人格发展阶段理论为基础，认为人的发展是一个进化的过程，人的一生可以分为八个阶段，每个阶段能否顺利度过是由社会环境决定的，在不同文化的社会中，各阶段出现的时间可能不一致。这种发展以自我为主导，它按照自我成熟的时间表，将内心生活和社会任务结合起来，形成一个既分阶段又有连续性的心理社会发展过程。在人格发展的每个阶段，都有由一对两极对立的冲突所构成的一种危机，这种危机不是灾难性的威胁而是发展中的一个转折点。积极解决危机，自我的力量会增强，人格可以得到健全的发展，有利于人对环境的适应；消极解决危机则会削弱自我的力量，导致人格发展不健全，阻碍人对环境的适应。若前一个阶段的危机得以积极解决，则后一个阶段的危机得到积极解决的可能性会提高；但如果前一个阶段的危机是消极解决的，那么后一个阶段的危机得到积极解决的可能性会降低。每次危机的解决，都存在积极因素和消极因素，当积极因素所占比例更大时，危机就会被顺利解决；当消极因素所占比例更大时，当事人可能面临发展性危机，这种危机既与当事人所处人生发展阶段的发展任务有关，也与当事人之前的发展阶段的完成情况有关，还与当事人所面临的具体发展问题有关，更与他所处的独特自然环境和社会环境息息相关。每个人的危机都是独一无二的，在危机干预中必须制订个性化的干预方案来化解危机。

在自杀心理危机干预过程中，当个体处于青春期末期（18～20岁），即正处于由"疾风怒涛"的青春期向成年早期的过渡阶段时，如果他能够充分掌握自己和社会的信息，能够为自己确定生活策略，就能获得自我同一感；如果不能，则会引起角色混乱，影响其忠诚品质的形成。这个阶段的人出现心理危机，尤其是自杀心理危机，在很大程度上都与他因不能有效处理本我、自我、超我的关系而无法达到自我和谐，又不能掌握社会角色扮演所应承担的责任与义务有关，他们无法顺利适应社会生活，内心混乱感极强，因此产生自杀心理。

如果个体处于成年早期（20～25 岁），则其所面临的心理危机是亲密与孤独。如果他在上一个阶段的自我同一性发展得比较好，他就能与他人发生爱的亲密关系，建立成人依恋。因为与他人建立爱的亲密关系，需要把自己的同一性和他人的同一性进行融合，这就涉及自我妥协与自我牺牲，甚至是个人的重大损失。但如果他在上一个阶段的自我同一性发展得不太好，那么他的内心就是混乱的，就会担心与他人建立亲密关系会丧失自我，因而无法顺利与他人建立爱的亲密关系，其内心会产生自我丧失感和情感孤独感，甚至形成混乱的两性关系。因此，这个阶段的人出现自杀心理危机，在很大程度上与其无法顺利建立爱的亲密关系、妥善处理情感问题有关。

如果个体处于成年中期（25～50 岁），则其所面临的心理危机是繁殖与停滞。如果他在建立自我同一性的基础上，顺利找到了情感归宿，建立了和谐的成人依恋关系，那么他的情感生活是比较充实和幸福的，他会试图把他的关心和爱传递给下一代（这里的下一代既包括孩子，也包括朋友后辈），即使没有自己的孩子，他也会在指导关心朋友后辈成长中获得一种成就感。但是如果他的自我同一性和亲密感都发展得不太好，成年中期又不能顺利获得成就感，就会陷入停滞感、受挫感的漩涡，无法形成关心的品质，从而变得自私自利。因此，这个阶段的个体出现自杀心理危机，在很大程度上是因为不善于关心他人，陷入人际冲突困境，或因为事业停滞不前而产生挫败感。

在开展自杀心理危机干预工作时，干预者必须考虑危机与当事人所处发展阶段的联系，危机的影响可能与发展阶段的任务掌握程度有关，干预者既要评估危机中个体痛苦的内心因素，也要评估其所处的自然环境、社会环境，更要考虑当事人个人发展阶段的其他因素，及其负性人际关系和社会问题的相互作用。

五、情境生态学模式

迈尔（Myer）和穆尔（Moore）共同提出了一种主要针对危机情境因素的生态学模式来评估危机对个人或系统的影响。该模式的要素包括与事件的接近度、对事件的反应、与事件的关系、因事件而产生的变化的程度，最后一点可根据过去的时间长短来划分。该模型的关键是，事件的各部分都要联系起来考虑。

例如，一名新员工在生产车间因操作失误而意外死亡，其工长作为现场目击者，与危机是高度接近的；如果工长对此事故的认知和理解是，"因为我没能起到工长的引导、指挥和保护作用，所以才导致新员工丧生"，他可能会产生强烈的情绪反应，在这种不合理的认知和强烈的情绪反应作用下，工长极有可能引咎自杀。在此案例中，我们可以看到，工长作为危机事件的亲历者，与危机事件高度接近，他对危机事件反应强烈，与危机事件紧密相关，并且因为危机事件的发生，其生活、认知、情绪、行为乃至人格发生重大改变，最终可能成为自杀心理危机的当事人。干预者在进行心理危机干预时，必须全面评估以上各种情境因素，以及情境因素中认知成分的作用，以便深入理解个体处于危机时，系统内部及系统与个人之间的相互影响，有效控制危机事件的影响范围，避免危机事件产生连锁反应。

六、心理急救干预模式

"心理急救干预"这一概念，最早由拉斐尔（Raphael）于 1977 年首次提出。他认为该干预模式包括提供关心和帮助，共情式的回应，具体的信息和帮助，在社会支持系统的帮助下将幸存者组织起来。美国国立卫生研究院所于 2002 年将心理急救干预定义为：建立当事人的安全感，减少应激相关症状，提供休息和恢复身体状况，将当事人与关键资源和社会支持系统联系起来。

心理急救干预的主要理论依据马斯洛的需要层次理论，并首先考虑当事人的生存需要。目前，灾难后即时干预的方法以心理急救干预为主，它是非侵入性的，不主张对创伤性事件进行讨论。其主要任务不是探寻自杀的深层原因和心理创伤，而是满足当事人的生存需要，进而稳定当事人的情绪，为其提供共情和陪伴，建立安全感，减少无助感，重建希望感。

自杀心理急救干预的措施包括八个方面的核心行动：

（1）接触与参与。干预者初步与当事人接触，应以一种非侵入性、理解性的、富有同情心的、帮助性的方式参与到当事人的心理危机中。

（2）安全与抚慰。干预者应加强及时及持续的安全保护，避免当事人再度产生自杀行为，并应给予当事人物质和情感上的抚慰。

（3）稳定。干预者应使情感受到打击或绝望的当事人情绪平静下来，在情绪稳定的基础上，促使他们能理性地重新认知自己的处境和要解决的问题。

（4）收集信息。干预者应确定当事人当下的需要和担心，收集额外信息，确定需要采取的心理急救干预。

（5）提供实际的帮助。干预者应为当事人提供实际帮助，强调对即时需要的满足和对担心的化解。

（6）连接社会支持。干预者应帮助当事人与主要支持人员和其他支持者（包括家庭成员，领导、朋友及其他重要他人）建立暂时和持久的联系，为其提供强大的人际支持和情感支持。

（7）提供应对信息。干预者应提供关于应激反应、降低痛苦、增强适应能力等方面的信息、方法，帮助当事人提高心理危机处置能力。

（8）与协作服务联系。干预者应帮助当事人联系当前和将来需要的、可以利用的其他服务，如医疗保障或社会福利等事宜。

心理急救干预为危机干预提供了基本框架。但它只是一种权宜之计，其本身并不是用来治愈或解决问题的，而是提供非侵入性的身体支持和心理支持。在开展自杀心理急救干预工作的过程中，干预者必须明确，除心理急救干预外，还需要其他措施来平息当事人的情绪波动，预防当事人作出威胁生命的行为，重新整理和冷却许多危机情景下当事人所特有的疯狂、不合理和头脑发热的认知。

七、评定—危机干预—创伤治疗模式

评定—危机干预—创伤治疗模式（Assessment-Crisis Intervention-Trauma Treatment，ACT）是美国学者罗伯茨（Roberts）对一些危机干预策略进行整合后提出的一种综合性危机干预模式，简称 ACT 模式。

这是一种专门针对突发性危机和创伤性危机的心理危机干预模式。该模式强调干预者要尽快对当事人进行心理危机评估，根据当事人的心理危机程度，促使当事人接受相应的系统的心理治疗，以帮助当事人彻底摆脱心理困扰。

该模式适用于处理初始的创伤事件，也适合处理紧急行为事件，因此也适用于对自杀心理危机的干预。

第一，对处于自杀心理危机中的个体开展危机评估。干预者应确定当事人的状态、能力水平；确定当事人对自我或对他人的危险系数；确定当事人对危机可能给出的解决方法、应对方式和其他方法，以及可能提供的支持系统等。

第二，干预者通过对当事人进行无条件的接纳、尊重、理解、共情和积极关注，与当事人建立和谐的咨访关系，为下一步的干预和治疗打下坚实基础。

第三，确定干预的主要问题。对处在自杀心理危机中的个体而言，干预者需要从当事人身边的朋友、领导、家属的报告，以及当事人的主诉和干预者对当事人会谈中收集的资料，确定干预的主要方向、性质和内容。

第四，处理情感。干预者通过引导当事人说出他的痛苦和困惑，引导他合理宣泄情绪、释放情感，减轻他的心理冲突，并帮助当事人稳定情绪，学习控制情绪的方法，避免当事人情绪激化再次产生自杀等极端行为。

第五，干预者应提出并与当事人探索解决问题的各种方法，包括认知调节、行为治疗、情绪宣泄等，帮助当事人觉察到他们仍具有控制自己想法、感觉和行为的能力，以增强当事人的自我控制感，帮助他们重新获得希望。

第六，制订计划，即干预者与当事人共同商量，建立长期干预目标和近期干预目标，既帮助当事人走出当前的自杀心理危机，又帮助当事人人格成长。

第七，提供后续服务，即干预者将心理危机干预与医疗保障、福利政策，以及人际支持和社会资源等相结合，帮助当事人彻底解决心理危机，并使当事人获得处理心理危机及其成长发展所需的能力，真正实现从危机中获得机遇和新生。

第五章

自杀心理危机干预过程

　　心理危机干预的模式有很多种，但是在开展自杀心理危机干预时，并不是简单地按照某一种模式进行干预，而是根据具体情况将各种模式综合起来运用。本书在对各种心理危机干预策略进行整合的基础上，提出综合性的自杀心理危机干预九步法，即评估心理危机、建立心理链接、提供心理支持、确认安全保证、重塑认知行为、重建自我控制、重树生命希望、启动社会支持、追踪随访成长。自杀心理危机干预的九个步骤，并不是有严格承接界限的九个阶段，而是彼此联系、互相影响、相互制约的九个环节。

一、评估心理危机

　　评估心理危机既是自杀心理危机干预的开始，也是贯穿整个干预过程的重要环节，只有对自杀心理危机的当事人进行全程动态评估，才能及时灵活地根据当事人的实际情况调整干预策略。

　　开展自杀心理危机干预，在与当事人接触前，就可以开始进行自杀心理危机评估工作。因为自杀心理危机干预是一种即时干预，因此它是非侵入性的，它不主张对创伤性事件的心理原因进行深入讨论，而是从当事人周围侧面、间接地了解危机的相关信息，这对开展自杀心理危机干预有重要的帮助作用。

　　干预者可以通过查阅当事人相关档案资料，了解其产生心理危机的人格基础；也可以通过听取当事人周围人群（亲朋好友等）的报告，从侧面了解当事人陷入自杀心理危机的原因，所经历的危机事件对他的影响程度，以及目前当事人的精神状态，周围的亲朋好友怎么看待当事人所经历的心理危机，当事人对此产生的认知行为反应和一日生活制度坚持情况，等等。

与当事人接触以后，干预者必须站在当事人的角度去理解和确定问题，干预者可以通过对当事人开展必要的心理测验、现场对当事人言行的观察及与当事人本人的会谈，了解当事人在危机事件中认知、情感和行为反应的性质和程度，以及了解当事人继续实行自杀或自残的危险性有多大，或伤害他人的危险性有多大，并在了解当事人原有人格特点的基础上，对当事人可能采取的应对方式进行预判，等等。

在危机严重程度评估中，需要从当事人的主观感受和干预者的客观观察两个方面对以下内容进行综合判断。

（一）危险性评估

危险性评估是对当事人伤害自己或伤害他人的可能性进行评估。对处于自杀心理危机的当事人开展危险性评估，有利于及时识别、尽快干预，阻止当事人实施危险性行为。自杀影响因素、自杀心理危机风险线索识别等内容详见第一章，本章重点介绍现场干预快速评估方法。

以北京回龙观医院课题研究组发现的十个独立影响自杀的危险因素为基础，自杀心理危机干预者应从当事人周围人群的报告和现场与当事人的交流中迅速判断有无以下危险因素及危险因素的数量，这些危险因素越多，自杀的危险性就越高。

（1）自杀心理危机发生前两周当事人出现严重的抑郁症状。

（2）当事人有自杀未遂既往史。

（3）负性生活事件导致当事人出现强烈急性应激反应。

（4）自杀心理危机发生前一个月，当事人社会功能受损严重，生活质量降低。

（5）自杀心理危机发生前一年，当事人因负性生活事件而导致长期心理压力大。

（6）自杀心理危机发生前几日，当事人发生过剧烈的人际冲突。

（7）当事人的朋友或熟人曾有过自杀行为。

（8）与当事人有血缘关系的亲人曾有过自杀行为。

（9）当事人工作出现重大失误、变故或经济上出现危机。

（10）自杀心理危机发生前一个月内，当事人的社会交往明显减少。

（二）情绪、行为、认知评估

迈尔和威廉姆斯提出的三维筛选模型有效且易操作，该模型能够有效判断当事人在认知、情感、行为等方面的功能状态、危机的严重程度及对当事人求助性的影响等。

1. 评估情感状态

异常的情感状态通常是当事人心理失衡的首要表现。处于自杀心理危机中的当事人，可能会产生情绪过度反应或出现情绪失控的状态。干预者在危机评估中需要明确，当事人的情感反应是否偏离正常，情感受损的程度如何等，干预者可根据严重程度量表给当事人的情感受损状况评分。没有损害（评1分）：当事人的心境稳定；情感可控；情感变化范围与日常生活相适应。少许受损（评2～3分）：当事人的情感基本适宜；需要在一定程度上控制情绪；对问题的反应不会过度情绪化；短暂感受到比情境要求更强烈的负性情绪；存在短暂的忧郁期。轻度损害（评4～5分）：当事人的情感尚适宜；会出现明显的情感波动和负性情绪；情绪尚能控制，但专注于危机事件；对问题或要求的反应变得缓慢微弱或快速激烈；负性情绪加重且持续时间明显延长；当事人意识到有时会情绪失控。中度损害（评6～7分）：当事人的情感主要是负性的，并且会夸大或明显减弱；难以控制易变的情绪；对问题或要求的反应明显情绪化，但有一定程度的适应性，通过努力能够控制；情感反应与环境不协调；强烈的负性情绪持续时间延长；负性情绪严重程度明显加重。明显损害（评8～9分）：当事人的情感尤其明显或严重受限；负性情绪难以控制，全面影响生活；对问题或要求的反应情绪化，即使尽最大努力情感也不适宜；负性情绪非常严重；情感反应明显与环境不协调；情绪波动极其明显。严重损害（评 10 分）：当事人的情感极其明显，从歇斯底里到毫无反应；没有控制情绪的能力，对自己或他人存在潜在的危险；情感被破坏，无法对问题或要求产生反应；代偿失调，有不真实感；人格解体。

2. 评估行为功能

干预者需要在干预中认真观察当事人正在做什么、怎么做、采取怎样的步骤和行为方式，以及其他精神活动。在危机干预过程中，最快（通常也是最好）的方式是让当事人在实施能立刻采取的积极行动上变得有能动性。干预者可以这样提问，以帮助当事人实施积极行为：在过去类似的情况下，你会怎样做？在目前这种情况下，你觉得必须做什么？现在有没有什么人是你能立刻联系到，并能给你提供帮助的？无能动性是失去自我控制的表现，一旦当事人尝试做一些具体的事情，就意味着他仍具有积极改变的动力，这是恢复自我控制的关键。干预者可根据严重程度量表给当事人的行为受损状况评分。没有损害（评 1 分）：当事人的行为比较得体；日常功能没有损害；行为稳定无攻击性；无威胁或危险行为。少许受损（评 2～3 分）：当事人的行为基本得体，有轻度、短暂的冲动行为；日常功能有轻微损害；行为轻度不稳定，有轻度攻击性；有问题行为，但对人对己无威胁；需要一定努力才能维持日常功能。轻度损害（评 4～5 分）：当事人的行为不得体，但尚无危险；行为可自我控制或在干预者的要求下能够得到控制，但有一定困难；行为对人对己有轻度威胁；当事人会忽略一些日常生活所需完成的任务，日常功能在一定程度上受损。中度损害（评 6～7 分）：当事人的行为适应不良，但无即刻的破坏性；在反复要求下也难以控制行为；行为对人对己有一定威胁，并且越来越难以控制；维持日常功能的能力受损。明显损害（评 8～9 分）：当事人的行为使得危机情境恶化；行为前后矛盾，即使在反复要求下也难以控制；行为对人对己有威胁；明显缺乏维持日常功能的能力。严重损害（评 10 分）：当事人的行为完全无效；即使反复要求当事人改变，行为还是不稳定且不可预测；行为极其具有破坏性，可能对人对己造成伤害；无法完成日常生活所需的最简单的任务。

3．评估认知状态

干预者需要对当事人的思维方式进行综合评估，以便了解当事人对危机性事件的看法及其看法的真实性和一致性；当事人对危机性事件的不合理认知及程度和时间长短，及其调整改变不合理认知的可能性大小。干预者可根据严重程度量表给当事人的认知受损状况评分。没有损害（评1分）：当事人的决策合理有逻辑；注意力保持完整；问题解决和决策能力正常；当事人对危机事件的感知和解释与实际相符。少许受损（评2～3分）：当事人的决策有点奇怪但安全，总体而言能考虑他人的感受、想法和幸福；思维受到危机影响但尚能控制；能够进行合理的对话，虽然稍有困难，但还能理解和承认他人的观点；问题解决功能基本保持完整；当事人的想法可能会转向危机事件，但思维的关注点还在意志力的控制之下；问题解决和决策能力轻微受影响；对危机事件的感知和解释大体上与实际相符，只有轻微的扭曲。轻度损害（评4～5分）：当事人的决策越来越不合理，但对人对己尚无危险；在某种程度上不考虑他人的感受、想法和幸福；思维局限于危机事件，但不至于困在其中；无法认知不同的观点，进行合理对话的能力受限；偶尔出现注意力不集中；当事人感觉对危机事件的想法的控制能力越来越弱；反复出现问题解决和决策困难；对危机事件的感知和解释在某些方面与实际不符。中度损害（评6～7分）：当事人的决策基本不合理，可能对人对己产生危险；越来越不顾他人的感受、想法和幸福；思维局限于危机事件，并且困于其中；理解和回应问题的能力受损；由于注意力不集中，问题解决有困难；对危机事件的侵入性思维控制能力有限；问题解决和决策能力受到强迫、自我怀疑和混乱的不利影响；对危机事件的感知和解释与实际情况明显不符。明显损害（评8～9分）：当事人的决策冲动不合理，可能对人对己产生危险；对危机事件的思维变得强迫，表现出自我怀疑和混乱；理解和回应问题的能力极不稳定；由于注意力无法集中，缺乏问题解决能力；当事人被有关危机事件的侵入性思维所困扰；当事人的问题解决和决策能力严重受损；对危机事件的感知和解释与实际情况严重不符。严重损害（评10分）：当事人的决策能力完全丧失；思维对人对己有明显危险；思维混乱，完全被危机控制；丧失理解和回应问题的能力；除了危机事件根本无法保持注意力；当事人受强迫、自我怀疑和混乱的折磨，丧失决策能力；对危机事件的感知和理解与实际情况根本不符，严重扭曲现实，可能存在妄想、幻觉及其他精神病性症状。

由于自杀心理危机干预是即时干预，干预者应尽可能快地对危机的严重程度进行评估，因此，干预者没有太多时间教条刻板地对当事人的情感、行为、认知状态进行逐一比照，但是干预者心中必须明确存在"严重程度量表"，在与当事人的初次接触中，迅速了解当事人情感、行为和认知的受损程度，及时预判当事人的自杀风险。

（三）应对方式评估

每个人的人格都包含独特的思想、情感和行为模式，对各种生活事件和危机事件都有个性化的应对方式，应对是一种包含多种策略的、复杂的、多维度的过程。

肖计划（1996）在编制"应对方式问卷"中，将"解决问题"与"避让"两个应对因子作为六个应对因子关系序列的两级，然后根据各因子与"解决问题"应对因子相关系数的大小排成序列："退避→幻想→自责→求助→合理化→解决问题"。

这六种应对方式在不同的人身上会形成不同的组合，表现为他们对生活事件或危机事件的反应方式。

"解决问题—求助"型即成熟型：这类人在面对各种事件和各类环境时，常能采取"解决问题"和"求助"等成熟的应对方式，较少使用"退避""自责""幻想"等不成熟的应对方式，在生活中表现出一种成熟稳定的人格特征和行为方式。

"退避—自责"型即不成熟型：这类人在生活中常采取"退避""自责""幻想"等不成熟的应对方式处理困难、挫折，较少使用"解决问题"等积极应对方式，表现出一种不成熟甚至神经症性的人格特征，其情绪和行为缺乏稳定性。

"合理化"型即混合型：这类人在生活中既能采取积极的合理化，用"求助"和"解决问题"的方式应对问题，也能采取消极的合理化，用"自责"和"幻想"等不成熟的应对方式处理问题，表现出人格的两面性和行为反应的矛盾性。

干预者在开展自杀心理危机时，需要通过对当事人应对方式的了解，预判当事人遭受自杀心理危机时可能采取的应对方式，提前防范当事人的自杀风险。这种应对方式既可以通过听取当事人周围人的报告获得，也可以在干预时通过与当事人进行交流沟通获得。

二、建立心理链接

自杀心理危机干预最重要的起始工作，就是干预者与危机当事人建立一种互相信任、互相理解、互相接纳的心理链接，让当事人接纳干预者，并接纳接下来即将发生的干预行为。

通常来说，处于自杀心理危机中的当事人，在多数情况下是不期望干预者出现的，因为他们可能对自己失去了控制，或者认知发生了扭曲，情感、行为明显受损，因此他们对外界充满了失望与戒备，此时要让他们接纳干预者是不容易的，需要干预者具有良好的职业素养和专业的技术能力，能在最短的时间内，让当事人意识到干预者既不是旁观好奇者，也不是组织委派来应付差事的人，而是真诚且有能力帮助他们走出困境的帮助者。

心理链接的建立及其质量受到干预者和当事人两个方面的影响。就当事人而言，其情感行为认知受损程度、求助动机、合作态度、期望程度、自我觉察水平、行为方式及对干预者的反应等，会在一定程度上影响心理链接的建立。就干预者而言，其专业且正确的干预态度、干预者的人格影响，以及干预者的专业技术对建立良好的疏导关系至关重要。其中，干预者是心理链接得以顺利建立的决定性因素，并且干预者在自杀心理危机干预中起主导作用。

（一）干预者正确的干预态度有助于心理链接的建立

当事人接受自杀心理危机干预之初往往比较紧张，干预者的态度直接影响心理链接的建立，因此干预者专业且正确的态度能有效拉近与当事人的心理距离，让当事人感受到尊重、接纳、安全和抚慰，这能有效降低他们的心理防御和焦虑水平，对后续自杀心理危机干预的开展奠定坚实基础。

1．尊重

尊重意味着把当事人当作一个有独特思想感情、内心体验、生活追求和成长经历的活生生的人去对待。尊重体现为对当事人现状、价值观、人格和权益的接纳、关注和爱护。罗杰斯认为，对当事人的"无条件尊重"是使其人格发生建设性改变的关键条件之一。尊重当事人的意义在于给当事人创造一个安全、温暖的氛围，使其最大程度地表达自己；让当事人感受到自己是被尊重、被接纳的，从中获得自我价值感，这对处于自杀心理危机中的个体而言至关重要，能有效满足他们渴望被尊重、被接纳的需要，唤起他们的希望感、求生欲和自尊心、自信心，具有明显的治疗效果。干预者向当事人传递尊重的态度时，需要做到以下几点：

（1）尊重意味着完整接纳。即干预者既接受当事人的优点，也接受他的缺点；既接受他积极光明的一面，也接受他消极阴暗的一面。

（2）尊重意味着同等对待。即无论当事人是领导还是普通群众，无论其年龄大小、脾气好坏、相貌美丑干预者都应一视同仁。

（3）尊重意味着包容宽厚。即干预者应对当事人不嘲笑、不动怒、不贬低、不评价，即使当事人言谈举止失礼或不合时宜，干预者也都能友好包容。

（4）尊重意味着信任理解。在心理链接建立之初，当事人对干预者仍有防御，谈及某些敏感问题时，难免有顾虑和掩饰，干预者应用完全的信任和必要的澄清换取当事人的诚实。

（5）尊重意味着保守秘密。对当事人隐私的保护，是保密原则的核心要求，除当事人自杀、自残或危害他人等保密例外情况，其他情况干预者都应尊重当事人的隐私，不能为满足一己之私去随意探听、传播当事人的隐私。

（6）尊重不意味着一味迁就。虽然干预者对当事人应秉持价值中立的原则，但不意味着干预者没有原则地任由当事人摆布，对于当事人的不合理认知干预者可以在真诚的基础上对当事人提出质询，引发当事人反思。

2．热情

通常在心理链接建立之初，当事人对于心理危机干预持复杂的心态，既期望干预能帮助自己渡过难关，又担心它能否实现，抑或给自己带来不良的影响，因此当事人往往是焦虑不安、紧张犹豫的。此时干预者的热情能有效消除当事人的不安心理，因此干预者在干预的全过程都应热情周到，让当事人感到自己受到了重视和友好的接待。干预者向当事人传递热情的态度时，需要做到以下几点：

（1）在初次接触时，干预者应向当事人表明友好，适当地询问当事人的近况，如"等很长时间了吗？""想喝点什么？"等，让当事人感到亲切温暖。

（2）干预者应在干预中认真倾听，向当事人表明关切。干预者在与当事人沟通交流的过程中，应全程注意倾听，关注当事人的一言一行，适当使用倾听技术，重视言语和身体语言，向当事人表达关切，让当事人感受被重视、被关注。

（3）干预者应在干预中循循善诱，向当事人表明耐心。当事人可能因认知情感行为受损而表达不清，也可能因文化水平不高而词不达意，也可能因矛盾顾虑而顾左右而言他，因此干预者要富有耐心、循循善诱地帮助当事人厘清思绪，消除当事人的顾虑。

（4）在干预结束时，干预者应向当事人表达温暖。干预者可以感谢当事人的信任与配合，提醒当事人有关注意事项，并礼貌地送别当事人，让当事人感受到爱心与关切。

3．真诚

真诚是指干预者以"真实的我"出现在当事人面前，不戴面具，不例行公事，不把真实的自己藏在职业角色的后面，表里如一地与当事人进行沟通交流。真诚的态度可以为当事人营造一个安全自由的氛围，让他能够无所顾忌地袒露自己的软弱、缺点、过失，甚至不为人知的隐私，让他真实地感受到无论说什么都是能被干预者包容接纳的，真诚的态度还可以为当事人提供一个学习的范式，让当事人和干预者一样真诚。干预者向当事人传递真诚的态度时，需要做到以下几点：

（1）真诚不等于有什么说什么。真诚不代表有什么说什么，损害心理链接和咨访关系的话不能随便表达，即使是实话也要以当事人能够接受的方式表达，如"你这种直来直去的个性，有的人可能很喜欢，有的人也可能难以接受，你觉得是吗？""你刚才所说的一些做法，可能会引起别人的误解或引发矛盾，不知道我的这种感觉对吗？"

（2）真诚不等于随意释放。干预是为了帮助当事人成长，在干预的过程中当事人会产生某种情绪或引发干预者的某些认知，如果这些情绪或干预者的某些认知与干预效果无关或认知，不能随意释放。

（3）真诚不等于越多越好。真诚和热情一样需要适度，过度热情让人尴尬，过度真诚也会让干预者与当事人之间的界限不清，难以保持干预者的理性客观。

（4）真诚不等于刻意为之。干预者在当事人面前，刻意彰显自己的专业素养和工作态度，卖弄真诚与热情技巧，也会让当事人感觉不真实、不诚恳。干预者应发自内心地流露自己真实的形象、真挚的情感，换取当事人的信任。

4. 共情

人本主义心理学家罗杰斯认为，共情是指体验别人内心世界的能力。共情能让干预者设身处地站在当事人的角度去体验当事人的经历和感受，从而更准确地把握信息；也能让当事人感受到自己是被理解、被接纳的，从而建立信任感和安全感，有利于心理链接的建立和加强；还能促进当事人更好地开放自我，进一步进行自我表达和自我探索；共情的过程是干预者对当事人接纳、尊重、理解的过程，这对处于自杀心理危机中的当事人而言，本身就具有治疗性。干预者向当事人传递共情的态度时，需要做到以下几点：

（1）共情必须进入当事人的参照体系。干预者需要戴上当事人的"眼睛"去经历他的经历，感受他的感受，设身处地感受当事人的喜怒哀乐，这样才能深入领会当事人的所作所为和所思所想。

（2）共情必须不断检验并修正。干预者在与当事人共情时，还需要保持自我觉察，不断反思自己的共情是否恰当，是否取得了预期的效果，如果有所偏差应及时调整。

（3）共情必须因人适度。共情应因人而异、因时而异、因事而异，共情反应的程度应与当事人的问题程度、感受程度、情绪状态及当地文化、制度等相适应，既不让当事人感觉做作夸张，也不让当事人感觉理解不够。

（4）共情必须善用非语言系统。除用言语表达共情外，干预者的面部表情、身体姿势、语气语调等非言语行为，也能表达干预者对当事人的感同身受，因此言语共情和非言语共情要互相配合。

（5）共情必须恰到好处。干预者与当事人共情是为了更好地建立心理链接，取得更好的干预效果，因此共情是为干预工作服务的，干预者要能出能进、进退自如，并能保持客观立场，防止因被当事人移情而影响干预工作和自己的正常生活。共情的真谛是体验当事人的内心"如同"体验自己的内心，但永远不要"如同"变成"就是"。

5．积极关注

积极关注是对当事人言行举止的积极面予以及时关注，从而强化当事人的积极认知、积极情绪和积极行为，提高当事人的自我接纳程度和自我认可感。人际交往中的相互性原则告诉我们，人们总是喜欢那些喜欢自己的人，欣赏那些欣赏自己的人。因此，积极关注对于建立和谐的心理链接至关重要。

人本主义认为，每个人身上都存在一种积极向上的成长动力，总会有这样那样的优点，只要通过自己的努力和外界的帮助，都能成为一个更好的自己。因此，干预者应千方百计地发掘当事人的积极面、闪光点，通过积极关注来帮助处于自杀心理危机中的当事人全面认识自己，发现自己的长处，恢复其对自己的信心，树立生的希望。干预者向当事人传递积极关注的态度时，需要做到以下几点：

（1）积极关注不等于过于乐观。如果干预者为凸显积极关注的效果，过分乐观地估计当事人的情况，会让当事人感觉不被理解。

（2）积极关注不能无中生有。积极关注应建立在当事人实际情况的基础上，干预者关注的那些积极面、闪光点是当事人真实具有的，干预者在积极关注当事人时，如果还能关注细节，举出实例来证明，会让当事人感觉到温暖和被认可。

（3）积极关注不可虚情假意。积极关注既是服务于干预效果的一种技术，更是干预者内心价值观的自然流露。干预者需要发自内心地相信每个当事人，无论他目前的情况多么糟糕，他总是会具有某些潜能和优势，干预者应怀着一颗发现美的心去认识当事人，从他的身上看到闪光点。

尊重、热情、真诚、共情和积极关注的干预态度，对于建立和谐的心理链接有着非常重要的作用，能让当事人感受到干预者的善意与助人愿望，能有效拉近干预者与当事人的心理距离，为干预工作的开展打下良好的基础。

（二）干预者初次会谈的技巧有助于心理链接的建立

心理链接创建之初，干预者如何向当事人介绍自己及接下来即将开展的危机干预工作，是非常需要注重技巧的。简明扼要的自我介绍、一个温暖的微笑、倒一杯水或引导当事人坐下的手势等细节都能为心理链接的顺利建立创设条件。简短的自我介绍以后，可以留有短暂的沉默，以便给当事人一个接纳自己和整理思绪的机会。初次会谈，干预者有义务向当事人表明自己真诚助人的愿景和干预的性质、目的、双方的责任和义务及保密的承诺等，这既能让当事人对危机干预和干预者的角色任务有一个大致的认知，也能消除当事人因危机干预的未知而产生的焦虑与困惑。在初次会谈中，当事人亲和的人格魅力，专业的干预态度与能力，以及对保密与尊重的郑重承诺，能有效解除当事人的戒备心理，有助于心理链接的顺利建立。

三、提供心理支持

在开展自杀心理危机干预时，干预者一旦与当事人建立心理链接，就要营造一种安全、可信赖的氛围，给当事人强有力的心理支持，引导当事人打开心扉，说出他的痛苦与困惑，以重建当事人的希望，减少其无助感。

对于处于自杀心理危机中的当事人而言，要接纳并信任干预者并不容易，这取决于干预者与当事人建立的心理链接的程度和质量，更取决于干预者真诚专业的态度和技巧。干预者不仅要在建立心理链接中秉持尊重、热情、真诚、共情和积极关注的态度，更应在整个干预过程中，给当事人稳定的心理支持。

（一）以设身处地地理解、抚慰当事人

设身处地地理解就是从当事人的角度去觉知他们的世界，并以具有亲和力的语言向当事人表达出来。干预者可以通过关注、言语及非言语交流甚至沉默的方式向当事人表达自己的深刻理解。处于自杀心理危机中的当事人往往伴有痛苦、脆弱、忧伤、无助等负性情绪，因此，干预者一开始就需要用专业的态度和高超的技巧，让当事人感受到干预者对他的关注。这种关注可以用面部表情，也可以用肢体语言，还可以用语气语调来表达。例如，适当的物理距离让当事人感觉既安全又不疏远，一般1～1.5米较合适；干预者一定程度的身体倾斜，表现出干预者认为当事人及其问题很重要；一定频率的点头、目光接触、微笑等，让当事人感觉到干预者在认真倾听，并且他的痛苦与无助有人能理解，这个世界上还有人关心自己。干预者也可以通过言语的和非言语的方式，向当事人表达不管是他们的表面还是深层次的想法和情感都是准确被理解了的，尤其是干预者在表达出当事人深层的感受和情感时，会让当事人产生强烈的认同感和被理解感。例如，你之所以选择自杀并不是简单的想要结束生命，只是想要结束痛苦别无他选而已。有时干预者的沉默也能起到治疗的作用，因为当事人需要时间去整理自己的情绪、组织语言，因此干预者适当的沉默也体现了对当事人的理解，有时即使是用沉默陪伴流泪，也是对当事人的一种理解与支持。

（二）以坦率真诚的交流引导当事人

在心理干预过程中，干预者坦率真诚的交流能让当事人感受自己被尊重、被理解、被坦诚对待，这有利于激发当事人的自我潜能来渡过危机。这就要求干预者不能被职业角色所束缚，不一味考虑治疗理论与技术，不总在琢磨该说什么不该说什么，而是在当事人面前做真实的自己，流露出真情实感，即使在干预过程中受到当事人的挑战或被当事人质疑，也不强行辩解掩饰，而是坦然分享自己被当事人挑战或质疑时的心理感受，让当事人感受到真实和真诚，从而引导当事人放下防御，打开心扉。

心理学家弗雷德里克1973年首先提出自杀危机干预的程序，当自杀心理危机干预者首次与处于自杀心理危机中的当事人接触时，要接受当事人所有的抱

怨和情感。对处于自杀心理危机中的当事人的任何抱怨都不应轻视或忽视，因为这对他们来说可能是非常严重的问题。在某些情况下，处于自杀心理危机中的当事人可能以一种不经意的方式谈到他们的不满意或抱怨，他们的内心有着强烈的情感波动。不要担心直接问及自杀，处于自杀心理危机中的当事人可能会隐约涉及自杀问题，但却不一定明确提出来。根据过去的经验，在适当的时候直接询问这一问题并不会产生不良的结果。但一般应在会谈进展顺利时询问这一问题，因为当与处于自杀心理危机中的当事人建立良好的协调关系后再问这一问题效果会更好。处于自杀心理危机中的当事人一般比较喜欢被直接问及自杀的问题，并能公开地对此进行讨论。

（三）以无条件的积极关注激励当事人

干预者要无条件地接纳当事人，对当事人的问题和情感表示高度关注，不断地发掘当事人的闪光点并告知当事人，让他接纳更好的自己；把当事人作为一个值得坦诚对待的人，一个具有发展潜力的独特个体去尊重，不对当事人做价值评判，不责备、不说教，不讨论自杀的对与错；不试图说服他们改变内心的感受，以此改善他们的无望感，增强他们的希望和信心，让他们知道他们面临的困境是能够改变的，他们所面对的问题已经处于控制之中，并且干预者会尽全力阻止他们自杀，给当事人以力量感。

（四）以耐心共情的倾听尊重当事人

耐心共情的倾听是干预者顺利开展自杀心理危机干预的基本前提。在干预过程中，干预者要允许当事人释放情绪，给他们一定时间说出其内心的感受和担忧。干预者不能排斥或试图否认任何自杀念头的"合理性"，在当事人谈到自杀时，干预者绝不能把这一问题看成当事人试图通过声称自杀来操控局面，而不是真的想自杀，这会让当事人感受到不被尊重和理解。

弗雷德里克提出：不要认为"大喝一声"就能使试图自杀的人幡然醒悟。公开和试图自杀的人讨论并劝告他停止自杀，并相信这种评论会使当事人认清自己的问题，这种想法是危险的，可能会导致悲剧的发生。干预者应该指出，如果当事人的选择是去死，那么这样的决定是不可逆的，只要生命尚存，就有机会解决存在的问题；而死亡的同时也终止了任何出现转机的机会。同时，干预者也应强调，情绪低落的阶段是会过去的，情绪低落虽然是当事人对自我的限制，但它也是有周期的。

（五）以现实具体的支持帮助当事人

干预者必须给予当事人现实具体的支持，让当事人相信干预者愿意帮助自己并且能够帮助自己，以此使当事人获得安全感和希望感。例如，干预者帮助因情感问题陷入自杀心理危机的当事人联系他想联系的人；帮助因人际冲突而陷入自杀心理危机的当事人暂离他所排斥的人际环境；帮助因经济纠纷而陷入自杀心理危机的当事人缓解经济压力；帮助因抑郁症而陷入自杀心理危机的当事人及时就医治疗；等等。

四、确认安全保证

在开展自杀心理危机干预工作时，不要害怕询问处于自杀心理危机的当事人是否有自杀的想法，干预者应把最关心的核心话题挑开说明，这不但不会促使当事人自杀，反而能够挽救他们的生命。因为这样做能减少咨访双方的相互揣测，也能增加交流的真诚感，让当事人感受到干预者真诚的关心，干预者也能因此获取当事人对安全的保证，提高干预者对自杀风险因素的把控。

在自杀心理危机干预过程的一开始，干预者就要向当事人说明，自己开展工作的目的就是帮助当事人渡过自杀心理危机，因此不会答应对当事人的自杀想法保密，提醒当事人不要掩饰自己的自杀意念，并要求当事人作出不自杀的承诺。要求当事人作出不自杀的承诺非常重要，因为如果他有自杀的意念，他可能会想到这个承诺，并因这个约定而放弃自杀。干预者可以要求当事人口头作出承诺：在当事人心里产生自杀的意念，或因为可能出现的控制不住的冲动想自杀时，一定要给干预者打电话。也可以要求当事人，在他产生自杀意念或冲动时，把当时的心路历程写下来，过 24 小时、48 小时或 72 小时以后再看，再难过也要咬牙坚持 24 小时、48 小时、72 小时……给自己留一个冷静的时间，也给自己留一份生的机会。

在获得当事人不自杀承诺的基础上，干预者还要让当事人相信干预者和他周边的人能够给他提供帮助，鼓励他积极寻求外界帮助。与此同时，干预者还要采取各种措施确保当事人的人身安全，如及时通知当事人的家人或重要他人对当事人进行心理支持；及时报告给当事人所在单位的领导，从而引起单位的高度重视并进行全面防护；及时带当事人去专科医院就诊，进行必要的治疗；不让当事人独处，确保当事人身边 24 小时有人陪伴，但这种保护不能太刻意，以免引发当事人的紧张焦虑情绪；除去当事人身边一切可能致死的危险物品，甚至可将当事人的住所调整到一楼；协调单位救护力量随时待命；等等。

五、重塑认知行为

开展自杀心理危机干预的重点不是探讨自杀危机事件发生的"原因"，而探讨如何"解决"。干预者应非常重视当事人生命的正向积极面，积极地肯定和鼓励当事人，引导当事人思考当下困扰他们的负性情绪和不良行为不是直接来自事件本身，而是取决于当事人看待该事件的思维方式。

当事人当前遇到的心理危机及所产生的情绪行为反应，都与当事人对危机事件的认知有关，是可以改变的，当事人要树立改变的信心。如果对危机事件持理性信念，就会产生正性的情绪、有效的行为和现实的想法；如果对危机事件持非理性信念，则会导致消极负性的情绪、失调的行为和不现实的想法。因此，干预者要引导当事人积极改变思维方式，尤其是通过认识其认知中的非理性内容和自我否定内容，获得其思维中理性和自我强化的成分，并不断探索当事人内外部资源的正向目标，开启当事人的心理动力，重新创造生命新的成功经验，走出生命的低谷，并学习以全新的建设性的认知角度去再认识生活的困境、失落或创伤，建立全新的具体可行的行为，帮助危机中的当事人恢复理性、重新获得自我肯定，最后获得对危机的控制能力，恢复心理平衡，克服心理危机。

干预者可以使用认知行为治疗重塑当事人的认知和行为。认知行为治疗是一种通过改变思维和行为的方法来改变不良认知，达到消除不良情绪和行为的短程心理治疗方法，是灾难心理危机干预和灾后创伤性应激障碍防治中的重要心理治疗技术。

在开展自杀心理危机干预的过程中，干预者可按以下步骤进行认知行为治疗：

（一）向当事人介绍 ABC 理论

认知行为治疗以埃利斯的理性情绪疗法理论为认识基础，干预者应向当事人介绍理性情绪疗法的 ABC 理论，使当事人了解该理论的基本内涵，并能够接受用这一理论来分析自己的问题。帮助当事人领悟自己当下的负性情绪和自杀心理危机行为问题，并不是由早年生活经历和现实生活事件引起的，而是由他现在持有的不合理认知造成的，是可以改变的，他应对自己的情绪和行为反应负责。

（二）澄清理性信念和非理性信念

理性信念被认为是心理健康的核心，它应该是灵活的、不极端的、与现实一致的、符合逻辑的，并且是提升自我/关系的。非理性观念被认为是心理困扰的核心，它是僵化的、极端的、与现实不一致的、不符合逻辑的，并且是挫败自我/关系的。

理性信念分为四类：一是灵活的信念（Flexible Beliefs），即我想要获得赞许，但并不是我必须被赞许；二是非可怕的信念（Non-Awfulizing Beliefs），即不被认可是很糟糕的，但这并不是世界末日；三是不适的容忍信念（Discomfort Tolerance Beliefs），即确实很难面对不被认可，但是我能容忍它，因为它值得被容忍；四是接纳的信念（Acceptance Beliefs），即在接纳自我方面，如果我不被认可，我也能接纳我自己；在接纳他人方面，即使你不认可我，我也能接纳你；在接纳生活方面，生活中有好有坏，也有不好不坏，我不被认可仅仅是一件坏事而已，并不是一无是处的。

非理性信念也分为四类：一是僵化的信念（Rigid Beliefs），即我必须被认可；二是糟糕至极的信念（Awfulizing Beliefs），即如果我不被认可，就是世界末日；三是不适的不容忍信念（Discomfort Intolerance Beliefs），即我不能容忍不被认可；四是贬低性信念（Depreciation Beliefs），即在贬低自我方面，如果不被认可，我将毫无意义；在贬低他人方面，如果你不认可我，你就是很可怕的；在贬低生活方面，如果我不被认可，生活将一无是处。

对于处于自杀心理危机中的当事人而言，非理性观念在他们的认知当中占很大分量，容易陷入"我必须被认可"的僵化信念中，如果不被认可，就觉得天快塌了，觉得自己一无是处，觉得生活毫无意义，觉得他人毫不可信，从而产生抑郁、焦虑、悲观、绝望等负性情绪，进而产生各种不理性的行为，甚至自杀。

（三）克服当事人认知改变中的阻抗

只有改变处于自杀心理危机中的当事人的这些非理性信念，才能从根本上改善他们的负性情绪、矫正他们的自杀危机行为，但是要改变这些非理性信念并非易事。当当事人在现实生活中，无法实现预期目标或是遭遇挫折性事件时，如果非理性信念占了上风，当事人就会产生一些不健康的情绪、失调的行为和不显示的想法，当事人的困境就难以得到突破，这就是认知改变中遇到的阻抗，通常表现为以下几种情况：

（1）当事人对来自非理性信念的困扰缺乏洞察力，认为不良情绪和行为是事件造成的。

（2）当事人认为他们已经理解了他们的问题不是事件本身带来的，而是他们的非理性信念带来的，改变就必然会发生。

（3）当事人不能坚持持续地改变他们的非理性信念，也不能把理性信念整合到自己的认知体系当中去。

（4）当事人习惯继续按照非理性信念的方式来为人处世。

（5）当事人被困在他们最初的困扰当中难以自拔、难以成长。

（6）当事人缺乏重要的社会技巧、沟通技术、问题解决方式和其他生活技能，导致成长改变难以顺利实现。

（7）当事人认为困扰的回报已经超过了积极健康方式给他们带来的好处，因而失去了改变的动力。

（8）当事人处在支持非理性信念的环境之中，难以出淤泥而不染。

（四）促进当事人建设性地改变

要突破非理性信念的阻抗，重建理性信念，促使当事人发生建设性的认知情绪行为改变，在通过尊重、热情、真诚、共情、积极关注已经建立牢固的心理链接的基础之上，干预者还需要做到以下几点：

（1）使当事人意识到他们的心理危机大部分来源于他们自己，同时环境等客观因素也有助推作用。

（2）真诚地认为当事人有能力认识他们的心理困惑，并能克服各种困难最终渡过心理危机。

（3）理解当事人的心理危机在很大程度上来自他们的非理性信念。

（4）帮助当事人辨别澄清理性信念和非理性信念。

（5）帮助当事人反复检查他们的理性信念和非理性信念，直到他们看清非理性信念是不合逻辑的、不符合现实的，理性信念是正确的、合乎逻辑的、富有建设性的。

（6）使用各种认知、情感和行为改变的方法，帮助当事人强化理性信念，并将理性信念内化到自己的认知体系中，特别是将行为与理性信念保持一致，强化将理性信念落实在行为中的结果，促成行为的改变（具体操作详见第四章"矫正认知模式"的相关内容）。

（7）帮助当事人将学到的理性信念迁移到他们生活的方方面面，彻底改变他们以往的认知行为模式。

干预者通过认知行为治疗，帮助当事人识别非理性信念，摆脱原有的不合理认知和思维方式，在认知方式、思维过程和情绪行为表现等方面重建新的模式，减少当事人在日后生活中的情绪困扰和不良行为反应，从而解除其自杀心理危机，使其实现自我成长。

六、重建自我控制

处于自杀心理危机中的当事人会有一种强烈的自我控制丧失感，容易认为自己对一切都失去了掌控，所有努力都是徒劳的，从而悲观绝望。因此，干预者必须帮助当事人在重建认知行为的基础上，制订具体可操作的计划，对当事人新的认知行为模式进行强化，并广泛运用在生活训练的各方面，使当事人恢复理性，重新获得自我肯定，最后使当事人获得对危机的控制能力，恢复心理平衡。

（一）确定支持系统

干预者要鼓励当事人积极搜索可以利用的各种支持系统帮助自己渡过危机。通常处于自杀心理危机中的当事人会觉得自己的经历和痛苦他人难以理解，因而消沉悲观。因此，干预者应积极引导当事人回想，哪些人曾经在他遇到困难的时候给予过帮助，哪些人曾经让他的内心感受到温暖，哪些人能在建议、信息或物质上给他提供帮助，这些都将成为帮助当事人渡过危机的有力支持。

（二）提供应对策略

干预者还应根据当事人当下的认知、情绪和行为特点，结合当事人的家庭环境、社会生活习惯、所处环境等，与当事人共同协商制订出当事人现在能够采用的、具体的、积极的应对策略，帮助当事人调整认知、改善情绪、矫正行为，最终走出自杀心理危机。例如，放松技术、空椅子技术、宣泄技术、叙事技术，等等。具体内容将在第六章"自杀心理危机干预技术"中详细介绍。

（三）长短期目标结合

在制订计划的过程中，干预者要同当事人协商制订短期行动计划，以帮助当事人应对当下的危机；待当事人情绪稳定放弃自杀后，还要根据当事人的实际特点等，制订一个长期行动计划，帮助当事人的人格成长。

需要注意的是,在整个重建自我控制的过程中,干预者只发挥主导性作用,行动的主体始终是当事人,干预者不能越俎代庖,替代当事人去做决定,而应注意凸显当事人的主体性、责任性、独立性等特点,帮助当事人重新获得对自己、对生活的控制感,恢复生之信心。

七、重树生命希望

在开展自杀心理危机干预工作时,干预者既要正面向处于自杀心理危机中的个体展示生之美好,唤起其生的欲望,在促使他对自杀发生动摇的同时,也可以开诚布公地向当事人讲述自杀将带来的种种负性后果,从反面引导当事人形成对死亡的恐惧,对死亡产生负性评价和排斥心理。用生之诱惑和死之恐惧共同促使自杀心理危机中的当事人回心转意。

干预者在当事人产生求生惧死念头的情况下,及时向当事人指出替代自杀的解决问题的途径,使自杀者意识到自杀不是唯一的办法,帮助他在自杀之外寻找新的摆脱困境的方法。例如,积极提示当事人有意义、有价值的人和事,适时提及当事人所关心和惦念的人、关心和爱护他的人,强调当事人对家庭的重要性,适时提及当事人在事业上已经取得的成就,为当事人指出未来的发展潜力,唤起当事人对生活的留恋和对生命的珍惜。

八、启动社会支持

心理学家弗雷德里克认为,每个个体都既有内部资源(心理的、个人的),又有外部资源(环境中的,家庭、朋友的)。心理资源包括理性化、合理化,以及对精神痛苦的领悟能力等。如果缺乏这些资源,问题就很严重,必须有外界的支持和帮助。对处于自杀心理危机中的当事人而言,在很大程度上正是因为内部资源的缺乏,才导致其陷入自杀心理危机,因此,寻求外部资源的支持至关重要。

一般认为，社会支持从性质上可以分为两类：一类为客观的、可见的或实际的支持，包括物质上的直接援助、社会网络、团体关系的存在和参与，如家庭、婚姻、朋友、同事等；另一类是主观的、体验到的情感上的支持，指的是当事人在社会中受尊重、被支持和理解的情感体验和满意程度，这与当事人的主观感受密切相关。对处于自杀心理危机中的当事人而言，社会支持除客观支持和对支持的主观体验外，还包括危机当事人对支持的利用率。如果当事人陷入自杀心理危机中无法自拔，虽然他拥有丰富的社会支持资源，但如果他拒绝使用，社会支持资源对他的帮助也是非常有限的。因此，在启动社会支持时，干预者应注意以下几点：

（1）及时通知当事人的家人和所在单位的领导，让他们了解当事人的自杀风险，积极做好防护工作，确保当事人的人身安全，并能在危急时刻给予当事人适当的支持。

（2）确定谁能为当事人提供合适的支持，是专家、家人、朋友，还是领导或同事。

（3）积极与当事人所信赖的人进行深入细致的沟通，并认真听取他们的建议。

（4）考虑哪些方面的工作由家人、朋友或领导做，比由专业人员做更合适。

（5）确保哪些支持是有效的支持，而且是即时可获得的支持。

（6）积极联系精神心理卫生机构寻求系统专业的帮助。

在启动社会支持的工作中，干预者既要积极地帮助当事人发掘社会支持资源，也要帮助当事人增强对社会支持资源的主观体验能力，激发当事人从社会支持中获得帮助的信心和动力，从而提高当事人对社会支持的利用率，顺利渡过危机。

九、追踪随访成长

自杀心理危机干预是一项协助性的技术，在对自杀心理危机的处理中，要确保当事人即刻的自杀心理危机已经得到处理，随访工作很重要。干预者要在随访工作中确认当事人的困难是否已经得到解决，是否可能在短期或者中期再次出现自杀心理危机。与此同时，干预者还需要对当事人开展一个中长期的干预计划，将暂时放弃自杀念头或行为的当事人移交给他的家人、朋友或领导照顾，并教给看护者心理疏导和安全保护的注意事项，共同帮助当事人顺利度过心理恢复期。在条件允许的情况下，还需要为当事人开展长期的心理咨询，帮助他的人格成长。

开展心理危机干预后的随访，既能有效检验心理危机干预工作成效，更重要的是还能为当事人传递一个重要的力量，即干预者仍然陪伴着他，仍然关心着他，仍然能够为他提供可靠且持续的帮助，这能为当事人彻底走出心理危机提供强大的心理支持，因此，随访本身就具有治疗意义。

第六章

自杀心理危机干预技术

　　自杀心理危机干预技术是指对处于自杀心理危机者提供的心理援助技术，包括信任关系的建立，提供必要的心理支持和帮助及具体的自杀心理危机干预技术。干预的重点是帮助当事人在短时间内解除危机，不同于心理咨询的长期干预，较长期的心理咨询更要有侧重点、针对性和快速性。自杀心理危机干预技术首先应建立在良好的信任咨访关系基础之上，如果不能与当事人建立良好的沟通和信任关系，则后续的干预很难实施，也会影响干预效果。建立干预双方的信任关系，能够给予当事人一定的心理支持和安全感，使其情绪逐步稳定，使受伤的心灵重新获得安全感，减少对生命的绝望，重获新生。

一、建立信任咨访关系技术

　　干预双方建立良好的沟通和信任关系，是自杀心理危机干预的基础和前提，只有在信任、真诚、接纳、安全的气氛中，当事人才容易接受心理干预，否则会排斥、抵触，甚至适得其反。建立信任咨访关系技术包括倾听技术、提问技术、信息反馈技术、情感回应技术等。

（一）倾听技术

　　倾听技术是心理干预的重要技术，是心理干预过程的基础，是指干预者在接纳的基础上，认真、积极、关注地倾听，并主动引导、积极思考、澄清问题、建立关系、参与帮助的过程。学会倾听是心理工作者最基本的职业素养，因为倾听是建立信任咨访关系的起点，通过耐心有效的倾听，干预者才能了解当事人的问题所在，才能同当事人一起寻找解决问题的办法，才能在干预后期有较大的机会给当事人正确的判断和干预。如果没有倾听作为基础，就会忽略根本问题，或提出不恰当的建议，制订出不合理的干预方案。因此，倾听是了解问题的主要途径，是解决问题的第一步。在心理咨询过程中，有时候耐心有效的倾听就可以帮助来访者。

1. 倾听的要素

（1）集中注意力于当事人的内心世界，不要随意打断他想说的，让他自由地表达，以进入他的情绪状态中。

（2）专注于当事人的言语和非言语信息，如他的眼神、音调和肢体动作等，并传递一种友好、关心的信息，对对方表示理解。

（3）依当事人当时的心理准备状况，让他进入某种情绪状态，或以身体上的接触安抚（如拍他的肩膀），通过言语的、非言语的表现方式建立信任关系。

（4）让当事人感到自在，让他们感觉到他们能自在地表达。

（5）对当事人表现出你想要听他说话，注视与行为表现是很重要的，不要让自己忙于其他事情。

（6）避免注意力分散，不要漫不经心地涂鸦、轻敲桌面或拨弄纸张，双方手机处于关机或静音状态。

（7）要有耐心，给予当事人足够的时间，不打断他说话，避免表现出不耐烦的样子。

（8）提问，这表示你正在倾听，将有助于当事人进一步阐述他的观点与必要的澄清。

2. 有效倾听应具备的条件

所谓有效倾听，是指有明确的目的定向，不断获得信息作出判断、给予反馈，并且保持持续的高度注意。

1）良好的态度和习惯

在倾听的过程中，干预者倾听的态度和习惯比具体技术更重要。因为我们许多人在社会生活中养成了愿意"说"而不愿意"听"，习惯"说"而不习惯"听"的习惯。人们"听话"的能力比"说话"的能力要差。造成这种情况有以下几种原因：

首先，人们容易带着评判倾向来听，他们注意对方所说的与自己的价值观或看法是否一致，以此来把对方分成潜在的朋友或外人。这对于我们平时的人际关系或许是有意义的，但这种主观倾向很强的"听"的习惯在心理干预中就会有妨碍作用，使我们带着偏见进入当事人的世界。

其次，真正的倾听是一件相当耗费精力的事，需要全神贯注，不能分心走神。

再次，有时说者的话中含有激起情绪反应或引发联想的作用，容易使听者分心。

最后，由于信息传递中"噪声"的影响，导致错听、错解。

以上种种情况，需要干预者高度重视，尽可能避免在实践中养成良好的听的态度和习惯。

2）设身处地地感受

干预者不但要听懂当事人通过言语、行为所表达出来的东西，还要听出弦外之音，听出对方在交谈中所隐藏的和没有表达出来的内容。有时他们希望干预者能听出问题，主动向他们询问。有时当事人说的和实际情况并不一致，或者避重就轻，自觉和不自觉地回避更本质的问题。有时当事人所谈的很多事情干预者未曾切身经历过，这时需要干预者尽量设想其处境，切身体会，才能了解当事人所经历的心理反应与体验，才能知道如何帮助他重建希望感，摆脱无助感。

3）察其言观其行

有效的倾听要求干预者以机智和入情入理的态度深入当事人的困惑中，细心地观察其所言所行，注意当事人如何表达自己的问题，如何谈论自己及自己与他人的关系，以及如何对所遇到的问题作出反应，还要注意当事人在表达时的犹豫停顿、语调变化及伴随言语出现的各种表情、姿势、动作等，从而作出更准确的判断。

4）适当地参与和反应

在心理干预过程中，干预者可适当地参与到当事人的谈话中，并作出一定的反应。

（1）鼓励。干预者运用言语或非言语的方式使当事人介绍更多信息。言语方式包括补充说明、提问、提出共同点、简单重述当事人谈话的内容、表明干预者自己的见解、尝试性地以完全符合或相似的语言反映当事人的陈述内容；非言语方式包括点头、手势、目光接触、身体前倾，伴随"嗯""哦""噢"等。复述是更深一层的鼓励方式，是指准确地重复当事人使用的两个或更多词。此外，适当的微笑和关心也是主要的鼓励手段，能使当事人在会谈中感觉更轻松，从而更能表达自己。许多研究者已经发现，微笑有很强的作用，它能拉近人与人之间的距离。

（2）澄清。它是在当事人发出模棱两可的信息后，向当事人提出问题的反应。它开始于"你的意思是……"或"你是说……"这样的问句，然后重复当事人先前的信息，目的是鼓励当事人更详细地叙述，检查当事人所说内容的准确性。

（3）释义。干预者将当事人信息中与情境、事件、人物和想法有关的内容进行重新解释，目的是帮助当事人注意自己信息的内容。

（4）情感反映。情感反映是指对当事人的感受或当事人信息中的情感内容重新加以解释，目的是鼓励当事人更多地倾诉他的感受，帮助当事人认识到自己的情感并管理情绪。

（5）归纳总结。归纳总结是将信息的不同内容或多个不同信息联系起来并重新编排，目的是把当事人信息的多个元素连接在一起，确定一个共同的主题或模式，清除多余的陈述，回顾整个过程。

3. 有效倾听需要注意的问题

（1）善于捕捉信息。开始沟通时首先要注意倾听，只有耐心倾听，才能了解、理解、接纳当事人，觉察当事人隐藏在自杀行为背后的深层次问题。不仅要认真听当事人的表达，更要听出言外之意。倾听不仅能使干预者更好地了解当事人，也可以让当事人感到被理解、被接纳，得到某种程度上的解脱，从而打消顾虑，得到心灵慰藉。

（2）让当事人体会到被尊重的感觉。耐心、认真、细致的倾听有利于良好干预关系的建立，有助于获得当事人的好感和信任，使其体会到被重视、被尊重的感觉，有利于增强当事人的存在感和价值感，丧失无助感和绝望感。

（3）全面把握。倾听是鼓励当事人把自己的想法充分地表达出来，这样才能对当事人有一个全面的把握，真正了解当事人，从而考虑后续的干预方案。

（4）鼓励当事人适当宣泄。倾听过程中，不断鼓励当事人尽情地倾诉，把内心的委曲、烦恼、压抑、痛苦等不良情绪充分地宣泄出来，使当事人获得轻松感，能起到很好的干预作用。

（5）帮助当事人梳理思路。尽可能完整准确地领会当事人表达的真正意思，不清楚的地方及时向当事人澄清，重复当事人说过的话，核实当事人的真正想法。在当事人表述比较混乱时，帮助当事人一点点梳理思路，引导当事人从多角度、多层面考虑问题，使其混乱的思绪逐步条理化，使其明白，解决问题的方式除了自杀还有其他方式，最终让其放弃自杀念头。

（二）提问技术

在危机干预过程中，除倾听技术外，提问技术也很重要。提问技术是指干预者依据干预目标，通过向当事人提出问题的方式，激发当事人对某一问题进行澄清、具体化及积极思考的一种技术。干预者需要向当事人提问题，引导当事人按照干预者想获取的信息进行回答。问题提得妥当与否对双方能否顺畅交流至关重要。干预者在干预过程中能否获得更多有价值的信息，在很大程度上取决于提问的方式、提问的语气和提问的内容。恰当及时的提问有助于干预者将访谈的内容进一步引向深入，以便了解更多信息，同时也可以促进当事人对自己进行深入的反思和觉察，更好地去面对问题而不是逃避问题，从而促进干预的顺利进行和当事人心理问题的解决。

常用的提问技术分为两大类：一是开放式提问，二是封闭式提问。

1. 开放式提问

开放式提问是心理干预中经常使用的一种技术，是指提出比较笼统、范围较大的问题，对回答的内容没有严格限制，没有固定答案，给当事人以很大的回旋余地。当事人可充分自由地描述或表达自己的情感，从而提供更多的信息，甚至会使干预者收获意想不到的效果，为下一步的干预打下基础。开放式提问一般用"什么""怎么""如何""能不能"等来开头，有助于引导当事人深入和详细地表达。例如，"你能不能告诉我，这件事为什么让你感到伤心和绝望？""能否告诉我，事情发生后，你为什么想到自杀呢？""当时你有什么反应？""你是怎么看待这件事情的？"要求当事人叙述时使用"请告诉我……""在什么情况下……"等，这样的提问一般都会得到较为满意的答案，但有的当事人也可能会拒绝回答。如果发生这种情况，干预者还可以进一步使用其他开放式提问，如"是什么原因……"等。

开放式提问常用于访谈的开始，可缩短双方心理、感情的距离，可以使访谈气氛自然、融洽。

开放式提问可能会涉及当事人的看法，从而引起当事人的特殊反应。所以，在使用开放式提问的时候需要注意以下几点：

（1）以良好的信任咨访关系为前提。如果在没有建立信任关系的时候提问，会使当事人产生疑虑和阻抗，从而导致当事人虽然表面回答，但内心思想和活动仍有很大程度的保留。

（2）注意提问时的语气、语调和词汇的选择。使用共情式、疑问式、语气温和的发问来替代辩论式、进攻式、语气强硬的发问，避免显得咄咄逼人，前者会让人感受到干预者是真心实意地想知道事情的真相从而帮助自己，而后者则会让人认为干预者有反对自己之意。两种不同的语气会让人产生不同的心理体验。

（3）避免连珠炮式的提问。连珠炮式的提问会使当事人形成防御心理和行为，甚至反感，如果干预者提问过多质问性的问题，那么当事人很有可能会沉默不语。

（4）提出开放式问题后，要给对方足够的时间来回答。

2. 封闭式提问

封闭式提问是相对开放式提问而言的，是指提出的问题带有预设的答案，回答的问题不需要展开，从而使提问者可以明确某些问题，常用来澄清事实，收集必需的背景资料，了解当事人对事物认知的重要信息，获取重点。通常问话方式采用"您同意吗""是不是""对不对""有没有"等词，而回答也是"同意""不同意""是""不是""有""没有"，或者做某项选择等简单回答。封闭式提问还特别用于得到当事人的保证，在制订行动计划后提问，从而得到当事人的承诺。

封闭式提问与长期心理治疗中的提问相反，常用于危机的初级阶段，用来确定某些特别资料，帮助危机干预者快速判断正在发生什么。要求回答特殊的问题："这种情况第一次发生是在何时？""你会自杀吗？""这是否意味着你要去自杀？"想得到担保时："你同意……吗？"另外，否定式提问是一种封闭式提问，常用来作为相互趋于认同的一种微妙方式。"不是""不会"等都是表面或暗示同意，如"你不会真的想自杀吧！"

封闭式提问可以缩小讨论范围，减少干预时间，当对方的叙述偏离正题时，可以用来适当地中止其陈述，并避免谈话过分个人化。

运用封闭式提问的时候应注意以下三点：

（1）要恰当使用封闭式提问。因为封闭式提问包含干预者的主观性，很可能通过暗示作用影响当事人，他们回答问题时可能顺从干预者的主观意图，混淆真实情况，影响干预者的判断。

（2）封闭式提问不宜过多使用。过多使用可能使当事人陷入被动的回答之中，其自我表达的意愿和积极性会受到限制，有一种被审问的感觉，可能使之拒绝回答，阻碍心理干预的进行。此外，连续使用封闭式提问会降低当事人对干预者的信任程度。当事人总渴望被人理解，希望有人分担，谈话过程则是一个良好的平台。如果此时过多使用封闭式提问，会导致当事人处于谈话的被动地位，不利于双方良好关系的建立和维持。

（3）一次不宜提出多个问题，否则会使当事人产生混乱，可能没有回答最重要的那个问题，使干预者获取不到想要的信息。

（三）信息反馈技术

信息反馈技术是指干预者经过分析、概括、总结、提炼当事人的口头表述和思想心理，凝练出简单的信息反馈给当事人，启发当事人从不同的视角来剖析自己的困扰，从中发现问题的关键及解决之道。例如，"这段痛苦的经历让你非常伤心，你觉得自己被欺骗了，你决定从此不再信任他，是吗？""我再重复一下你的意思……你看对吗？"信息反馈技术是和倾听、提问技术结合在一起应用的，同时整个过程也贯穿着情感的交流和互动，有助于干预者获取和确认关于当事人的一些重要信息。

信息反馈技术有以下六个要领：

（1）明确当事人的真正意图。干预者可以在心中重复或回忆当事人谈话的内容，进行思考，思考"当事人诉说的信息中告诉了我些什么？""在当事人所说的信息中存在什么样的情境？"以此辨别信息中的认知部分。

（2）简练复述当事人的话。明确当事人意图后，干预者选择适当的语句进行复述，尽量选择接近当事人所使用的感官词汇，并且多使用陈述句代替疑问句。

（3）评估复述效果。通过倾听和观察当事人的反应来评价自己的复述效果。如果释义准确，当事人会对其进行某种形式的肯定。

（4）尽量使用第一人称。在交谈中使用第一人称有助于缩短干预者和当事人的距离，让当事人感觉干预者真正参与并理解了自己的体验，有利于双方建立良好的关系。

（5）对叙述内容进行再编排。不能增加或减少当事人叙述的内容，编排时要慎重选词，以便能够引起进一步的讨论。

（6）向当事人传递理解，表达支持。处于危机中的当事人往往会感到无人能够理解自己的处境和感受，所以干预者在倾听过程中应该明确向当事人传达理解，表达支持。干预者在使用信息反馈时常用的句子有："那看起来就像……""从我的立场来看……""我所看到的……""我明白你的意思……""正如你所说……""我感觉到……""你的主要意思是……"

（四）情感回应技术

情感回应技术是指干预者把当事人语言与非语言行为中包含的情感整理后，回应给当事人。干预双方的情感互动应该包含多方面的内容，有当事人对干预者陈述事件时的情感回应，也有干预者有意识和无意识的情感流露，更主要的是干预者把当事人的语言和非语言行为中包含的情感整理后反馈给当事人，使其对自己隐藏的情形有明确和清晰的认识，引出其丰富的情感世界，并加以疏通、调理和释放，帮助当事人觉察、接纳自己的感觉，使干预者进一步正确地了解当事人，也使当事人更好地了解自己，有助于建立双方良好的咨访关系。

1. 情感回应的主要步骤

（1）倾听并思考当事人的基本情感，注意当事人使用的情感词汇，留心观察当事人传递言语信息时的表情及身体姿势。

（2）干预者将体会到的情感用自己的语言反馈给当事人，并在语句中加入当事人情感发生时的情境。

（3）观察当事人的反应，评估干预者对其进行的情感反应是否准确。

2. 情感回应的注意事项

（1）利用视听信息。情感回应的句式可以用到当事人的视觉或听觉信息，如"我听你说话感到……""你看起来好像……"

（2）注意情绪的来源和所指的对象。情绪不但有来源，而且有所指的对象，如经过细致的分析，对事物的愤怒也和相关的人有难以分割的联系。

（3）检验情绪的真实性。有时为了回避痛苦，当事人有可能会否认自己的情绪。如果处理这份情绪的时机成熟了，可以用放松技术让当事人回到出现情绪的情景中，观察其无意识的反应，发掘其内心的感受。另外，干预者感受到的当事人的情绪也不一定是准确的，可以通过提问进行核实，如"……是这样吗？""我所理解的是不是你的真实感受？"

（4）注意当事人的无意识反应。留意当事人的面部表情、身体的紧张程度、声调的变化，尤其是言语的犹豫不决或迟疑等。当事人明显的情绪缺乏和回避可能表明当事人暂时不愿处理，干预者应留意这些变化，在合适的时候再做安排。

（5）支持与陪伴。当当事人情绪激动时，干预者要对自己情绪变化和可能受到的影响进行审视，同时给当事人以支持。干预者可以使用如下表达："我在这里，我会在这里陪伴你""我会和你一起面对这件事""发泄出来……那会好一些""来，做几个深呼吸，你会好受一些""这些情感很正常……，我理解你"。

二、情绪稳定化技术

情绪稳定化技术，就是通过引导想象练习帮助当事人在内心世界中构建一个安全的地方，适当远离令人痛苦的情景，并且寻找内心的积极资源，激发内在的生命力，重新激发解决和面对当前困难的能力，促进对未来生活的希望。该技术主要用于自杀心理危机干预的初始阶段，以帮助当事人将情绪和认知水平恢复为常态，从而接受下一步的治疗措施。

情绪稳定化技术主要有四种，分别是放松技术、保险箱技术、安全岛技术、蝴蝶拍技术。

（一）放松技术

稳定化技术是借助想象练习来完成的，因此有些技术在使用之前要先进行放松训练。放松技术是按一定的练习程序，学习有意识地控制或调节自身的心理生理活动，以达到降低机体唤醒水平，调整那些因紧张刺激而紊乱了的功能的目的。实践表明，放松技术不但对一般的精神紧张、神经症有显著的疗效，而且对某些与应激有关的身心疾患也有一定的疗效。当个体进入放松状态时，通过神经、内分泌系统功能的调节，可影响机体各方面的功能。大脑皮质和内脏器官的功能特别是自主神经系统功能得到了调整，会有全身骨骼肌张力下降、呼吸频率和心率减慢、血压下降，并有四肢温暖、头脑清醒、心情轻松愉快、全身舒适的感觉，从而达到增进心身健康和防病治病的目的。

放松技术主要有呼吸放松、渐进性肌肉放松、冥想放松、自主训练放松、生物反馈放松等。无论采用哪种技术，最终的目的都是为了使身心放松，生理和心理活动趋于平衡。每种方法有其各自的操作步骤、程序和技巧。

1. 呼吸放松技术

呼吸放松技术是运用特殊的呼吸方法，以控制呼吸的频率和深度，提高吸氧的水平，增强身体的活动能力，从而达到改善心理状态、提高身心健康水平的目的。这种训练方法，简便易行，不受场所、时间等条件的限制。行、坐、站、躺均可进行，其目的是通过调整自己的呼吸节奏，改善大脑的供氧状况，进而达到放松的效果。

引导语

呼吸放松技术

请尽量放松，聚精会神。请选择最舒服的姿势，你可以躺着，也可以坐着，试试看，直到你找到最舒服的姿势为止……微微闭上双目，让身体处于放松状态。

先深呼吸 1～3 分钟，缓慢地通过鼻孔呼吸，感觉吸入的气体有点凉凉的，慢慢地吸气，憋气 3～5 秒，再缓缓地自然地呼气，呼出的气息有点暖。吸气和呼气的同时，感觉腹部的涨落运动。保持深而慢的呼吸（吸气和呼气的中间有一个短暂的停顿。自己要配合呼吸的节奏给予一些暗示和指导语），"吸……呼……吸……呼……"，把你的注意力放到呼吸上来，它平静、均匀、一呼一吸，身体也随之慢慢在动……注意你的胸腔，它缓缓地，一升一降……肚皮也在一伸一缩……仔细体会，你会发现空气顺着鼻腔的内壁，缓缓流过，摩擦着鼻腔。仔细体会，鼻腔对这种微笑的运动有什么感觉……鼻腔的温度有什么变化……体会几秒钟身体在呼吸时的感觉，想象每次呼气，都是把身体里的压力和紧张释放出来……每次吸气，都是把外界的能量和养料吸入体内……呼气的时候尽量告诉自己，我现在很放松很舒服。注意感觉自己的呼气、吸气，体会"深深地吸进来，慢慢地呼出去"的感觉，吸气和呼气都变得缓慢而绵长（深呼吸完，一般都能把情绪平静下来，这时停止深呼吸）。现在感觉到你的脚底有股热流在汇集，这股热流经过踝关节到小腿、膝盖、大腿、臀部、背部、颈部、后脑勺。然后照此顺序运行回脚底，结束。慢慢把深呼吸变为正常呼吸，你会发现每次呼吸，身体都会慢慢地放松下来，这样把身体从头到脚放松一遍。

这个阶段需要用的时间为 10～20 分钟。注意，在运行暖流的时候要专心，要一个部位体验到了，才开始下一个部位，不能跳跃。放松完，再次感觉自己的身体。这次是感觉全身的变化，每次的呼气都会让自己的身体更加放松，有些人甚至可以感觉到全身的毛孔和每个细胞都在放松。一次正常完整的深呼吸练习完成。一开始可能需要较长时间才能进入状态，然而随着练习次数的增加，就会发现，自己会越来越快地进入放松状态。练习一周后，就会发现，自己可以在 5～8 次深呼吸后，就能达到一个比较放松的效果，让情绪恢复平稳，内心变得舒适安宁……

尽可能长时间地进行这个练习，每天练习，直到感觉能自然呼吸为止。

2. 渐进性肌肉放松技术

渐进性肌肉放松属于一种深度放松，与其他几种放松方法相比，该方法显得稍复杂一些。

渐进性肌肉放松的要点是：先紧张，后放松，在感受紧张之后，再充分体验放松的效果。这是因为，如果没有紧张感，就很难真正体会到放松的感觉。

采取舒适的坐位或者卧位，循着躯体从上到下的顺序，渐次对各部位的肌肉先收缩 5～10 秒，同时深吸气和体验紧张的感觉，再迅速完全松弛 30～40 秒，同时深呼气和体验松弛的感觉。如此反复进行。

引导语

渐进性肌肉放松技术

现在，我们来练习如何使自己放松。请跟随我的每一句话，将全身各部位的肌肉依次紧张和放松，然后体会这种感觉。下面我们开始，首先从放松上肢开始，然后是下肢、头颈部，最后是躯干。现在请跟着我的话来做。

请深吸一口气，保持住（约 10 秒）。很好，慢慢把气呼出来，慢慢地。现在我们再来做一次，请你深吸一口气，保持住（约 10 秒）。好，请慢慢把气呼出来，慢慢地。

现在，请伸出双手，握紧拳头，使劲儿握，就好像要握碎什么东西一样，体会手臂紧张的感觉（集中注意和肌肉紧张）……坚持一下……再坚持一下（保持紧张，约10秒）。好的，现在放松你的整个上肢，彻底放松，你会感觉到整个手臂轻松、温暖，这就是放松的感觉，仔细体会（再做一次，让当事人再次体会紧张和放松的感觉）。

现在，请伸直并绷紧双腿，保持住，体会大腿肌肉紧张的感觉（约10秒），然后放松。再将两脚的脚趾并拢，向下收紧，体会腿部肌肉紧张的感觉（约10秒），放松整个脚部，慢慢体会这种放松的感觉。现在再将你的双腿伸直，脚尖翘起，绷紧小腿肌肉，坚持住（约10秒）。然后放松，体会小腿放松的感觉。

现在，放松头面部。请你睁开双眼，向上皱起眉头，用力，体会额头紧张的感觉（约10秒）。然后放松，慢慢转动眼球，体会放松的感觉。

现在，我们来学习放松颈部。请将头尽量后仰，让颈部肌肉紧张起来，坚持住（约10秒），然后放松。再将头尽量左偏，感受左侧颈部肌肉的紧张，坚持住（约10秒），然后放松。再将头尽量右偏，感受右侧颈部肌肉的紧张，坚持住（约10秒），然后放松。最后将头尽量低下，再低一点。再将头尽量左偏，感受左侧颈部肌肉的紧张，坚持住（约10秒），然后放松。慢慢体会颈部肌肉放松的感觉。

现在，请放松躯干上的肌肉。请往后扩展你的双肩，用力扩展，保持住（约10秒），然后放松。让你的双肩向上提起，用力向上提，保持住（约10秒），然后放松。让你的双肩向内收紧，用力收，保持住（约10秒），然后放松。

最后，放松臀部肌肉。请试着让会阴用力上提，使臀部肌肉紧张起来，保持住（约10秒），然后放松。

放松好以后，留一点时间感受放松状态，这个时候可以给自己一些暗示。比如，我从5数到1的时候睁开眼睛，很清醒，很宁静。

当各部分肌肉放松都做完之后，干预者还可继续给出指导语：你感到很安静、很放松……非常安静、非常放松……全身都放松了……（然后等当事人从1数到10，事先教对方或由干预者掌握时间）……请睁开眼睛。

干预者在给出放松的指导语时，特别要注意利用自己的声调语气来创造一个有利于当事人放松的气氛。从开始到最后，语速是逐渐变慢的，但也不能太慢，注意发出的指令要与当事人的呼吸协调一致。

在做放松训练时，应注意肌肉由紧张到放松要保持适当的节奏，与自己的呼吸相协调。每组肌肉的练习之间应有一个短暂的停顿，每次应从头至尾完整地练习。刚开始练习可能并不容易使肌肉达到深度放松，需要持之以恒，才会见成效。一般可以每天练习一两次，每次大约 15 分钟。

另外，学习后，当事人可根据在治疗中学习的放松方法回去自行练习（一般每日 1～2 次），亦可由干预者提供有引导语的录音，据此进行练习。

3. 冥想放松技术

在自杀心理危机干预中，冥想放松是最常用的技术之一。冥想是一种放松及集中精神的过程，目的是实现对自己注意力的控制，目标是使身体进入代谢减退的状态，使意识停止一切对外活动，将人从对外部事物的关注转向对内心世界的关注，让人从复杂的负性情绪中迅速地沉静下来，让积极的意念"输入"潜意识，对人的活动产生正性影响，进而达到放松身心、舒缓情绪、促进身心健康的效果。

具体操作步骤：

1）选择安静的地点

冥想的时候，最好选择安静舒适、噪声少的地点。不过，熟练以后，你就能在任何环境下进行冥想。如果有机会去户外的话，与大自然融为一体的冥想环境也是非常好的，如树荫下、草地等，找一个能够让自己放松的地方即可。

2）冥想的放松阶段

做好所有准备工作之后，开始进入冥想的第一阶段——放松阶段。将双脚平放在地面静坐或坐在椅子上，接着，将意念集中到身体自我接触的部位。你的双手是否交叉合拢？你的双腿是否盘起？注意这些接触部位的感觉。最后，将注意力集中在身体与周围的接触上。身体所占的空间很大还是很小？你能感觉到自己的身体和空间之间的分界吗？注意那个分界处的感觉。

做几次胸腹式深呼吸，把注意力集中在呼吸上，让一切顺其自然。如果感觉到放松了，这很好；但如果没有感觉到放松，这也没关系，同样接受这种感受。然后轻轻地闭上双眼，让所有肌肉慢慢地放松下来，之后将全身所有的肌肉绷紧，然后再一次突然放松下来，用心去关注你绷紧的肌肉。在放松的时候，体会肌肉由紧到松的变化。这个放松状态可根据自己的情况多做几遍。

3）冥想的静默阶段

冥想的静默阶段，就是放空思想的阶段，此时保持轻闭双眼，除把注意力放在呼吸上以外，不要去想任何事情。每次吸气时在心中默数"1"，呼气时默数"2"。不要刻意改变或者控制你的呼吸，呼吸要有规律。坚持这样做20分钟。最好每天练习两次，每次20分钟左右。你会渐渐感觉到身体变得松弛下来，会舒服许多。

4）冥想的想象阶段

完成冥想的静默阶段以后，你如果已经感觉到压力缓解，已达到你想要的水平，就可以停止冥想慢慢拉回思绪。如果你觉得还不够放松的话，可以进入冥想的想象阶段，在脑海中幻想自己置身于大自然美丽的风光中，也可以憧憬未来的美好生活，让自己在回归现实生活中，更加有动力。

引导语

冥想放松技术

大树与内在自我的冥想

我们来做一个冥想放松的训练。你需要找一个安静的、不受打扰的空间。或许你需要调整自己的身体姿势，或许你需要调整一下自己的情绪，或许你需要做几个深呼吸。所有这些调整都会让你关注你的内心世界，都会让你更加放松。你能感觉到身体与周围的接触，这会让你很舒服。你能够听到周围的各种声音，这些声音不会打扰你，它们可以帮助你更快地放松下来。你能够感觉到自己的呼吸，气流在全身流动的感觉，每次深呼吸，身体微微地起伏，每次深呼吸，你的身体感觉都会不同。每次吸气，你的精神会更加集中；每次呼气，都会带走一些紧张感，你会更加放松。你身体的各部位都放松下来，从头到脚，身体的每块肌肉、每个骨节都彻底放松。放松你自己，清空你自己。

请你渐渐地进入你的内在，轻轻地合上你的双眼，就好像合上你心里的一扇窗。当你的上眼睑和下眼睑接触的时候，就好像它们在轻轻地跟对方打着招呼，互相问候。看看你的身体，什么地方还感觉到紧张。没关系，当你感觉到紧张的时候，就在下次吸气的时候，把宇宙当中的阳光和能量变成爱的信息，慢慢地随着你的呼吸送到你感到紧张的部位。给它一份欣赏和感激，谢谢它承载你生命中的压力。随着下一次呼气，把这些压力排出去。慢慢调整你的姿势和呼吸，让自己感觉越来越舒服、越来越放松。体会这种放松的感觉，从你的头部，到面部、颈部、双肩、腹部、臀部、腿部、双脚，让你的全身都弥漫放松的感觉。

现在，请注意你的呼吸，自然地呼吸，感觉到清新的空气吸进你的身体里面，让它流过你身体里面的每个地方，再缓缓地呼出。

让自己的呼吸越来越深、越来越缓，感觉到身体的频率也随着呼吸渐渐缓下来。你感到越来越放松、越来越舒服。带着这种放松的感觉，想象自己仿佛是原野上的一棵大树，感觉到四周宁静而祥和，放眼望去，到处都是郁郁葱葱的。阳光温柔地照在大地上。深吸一口气，感觉到树根深深地扎在地底下。当你吸气的时候，你能感到吸进了来自大地的能量，让你浑身充满了活力，充满了力量。同时，你也能感觉到枝叶的繁茂，你的树枝伸展开来，伸向天空。你感受到阳光温柔地笼罩着你。深吸一口气，你能感觉到吸进了来自天空的能量。深深地吸气，继续保持你和大地、天空的连接。你感觉到这棵大树的存在，是那么充满爱意、富有爱心、强壮而有活力，继续深深地呼吸，将这种存在的感觉融进你的心里。现在，你是宁静而祥和的，与大地和天空连接在一起。你是充满爱意的、温暖的而富有爱心的。将这样一种感觉深深地融进你心里。继续深深地呼吸，将来自大地和天空的能量吸进你的身体里面，将这些能量灌注到你的全身，感觉自己是强壮的、安全的、祥和的、温暖的、充满爱意的。

保持这种感觉，去看你的前面。现在那里站着一个小孩儿，那是你自己内在的小孩。好好地看一看，看看她是快乐的，还是不快乐的。在你身体里面，或者是在胃部，或者是在别的部位，你能感觉到这个孩子的情绪，她带着过去的那些痛苦或悲伤。或许，她从来没有被关注过。去体会你现在看着她的感觉，不论你感觉到什么，你知道这些感觉都属于这个小孩，你内在的小孩。她需要你的关注，也需要你的爱。你就在这里，告诉你心爱的这个内在的小孩，到你跟前来。轻轻地拥着她，告诉她你能感受到她的感受，无论那是什么，无论是痛苦还是喜悦，你都可以和她共同感受。将她的感受吸进你的身体，无论那是什么，都允许这种感受在你身体里面。进入你身体里面的所有那些过去的恐怖、悲伤、紧张、沉重，将它们吸进你的身体，吸进你的心里。告诉你的内在小孩，你会和她在一起，你就在这里，和她在一起。你告诉她，你会一直和她在一起。无论什么时候，只要她感到痛苦、害怕，或者需要爱的时候，你都在那里。你会爱她，你会处理她所有的感受。你就是那棵顶天立地、充满爱意的大树，总是充满爱的力量，总是信心十足。慢慢地去做，不用着急。允许你内在的小孩慢慢地在你的怀里放松。渐渐地，她或许就可以对着你微笑了。你可以向她保证，你永远都不会将她独自一人留在那里。无论她感受到什么样的痛苦，你都会在那里与她一同承受。

如果你准备好了，就做一个深呼吸，吸进那环绕你的阳光，让它充满你的全身。那些阳光，带着信任、祥和和爱的力量进入你的身体。当你准备好的时候，就可以用你自己的速度回到这个房间。当你睁开眼睛的时候，你感到自己是精力充沛、充满自信的。

干预者给别人放松时，要注意语气、语调的运用。自我想象放松可以自己在心中默念。节奏要逐渐变慢，配合自己的呼吸，自己也要积极地进行情境想象，尽量想象得具体生动，全面利用五官去感觉，初学者可在别人的指导下进行冥想放松，也可根据个人情况，自我暗示或借助于录音来进行。

通常，在冥想上随便花费一点时间，都会比根本不练习冥想更加放松。当你最初开始练习冥想时，只要觉得舒服就应该持之以恒，哪怕每天只练习5分钟。如果你觉得自己是勉强坐在那里，就会滋生出不愿意练习冥想的厌恶之感。当通过练习取得进步时，冥想也就变得比较容易了，这时你会发现自己想延长练习时间。至于放松练习，每天做一两次，每次20～30分钟就足够了。

4. 自主训练放松技术

自主训练放松技术是自律、自发、自生性的训练，是指人们通过积极主动的自我练习，达到学会自主控制和调节情绪，减少心理冲突，消除心理压力，保持心理健康的目的。自主训练由干预者给予言语性指导，进而由当事人自行想象。在整个放松过程中，要始终保持深、缓而均匀的呼吸；同时，放松过程中伴随着想象，想象着有股暖流在你身体里流动。

自主训练放松技术有六种标准程式，即沉重感（伴随肌肉放松）、温暖感（伴随血管扩张）、缓慢的呼吸、心脏慢而有规律的跳动、腹部温暖感、额部清凉舒适感。

自主训练放松技术的具体操作方法：

（1）取坐姿，把背部轻轻地靠在椅背上，头部挺直，稍稍前倾，两脚摆放与肩同宽。脚心紧紧地贴在地面上。然后，两手放在大腿上，闭目静静地深呼吸三次，排除一切杂念，并把注意力引向双手和大腿的边缘部位，把意念集中在手心上。最后，你会感到注意力最先指向的部位，会慢慢地产生温暖的感觉，然后这种感觉会逐渐扩散到整个手心部位，这时你在心里可以反复地默念：静下心来，我的双手就会逐渐变得暖和起来。

（2）若根据这个要领，把注意力放在脚上，你会感到自己的脚也有温暖的感觉。一旦两只手和两只脚都真的产生温暖的感觉后，你的身心便会感到十分轻松，头部也会感到清爽。

⏱ 引导语

自主训练放松技术

我仰卧在水清沙白的海滩上，沙子细而柔软；我躺在温暖的沙滩上，感到非常舒服。我能感受到阳光的温暖，耳边能听到海浪拍岸的声音，我感到温暖而舒适。微风徐徐吹来，使我有说不出来的舒畅感。微风带走了我所有的思想，只剩下那一片金黄的阳光。海浪不停地拍打着海岸，思绪也随着它的节奏而飘荡，涌上来，退下去。温暖的海风轻轻吹来，又悄然离去，它带走了我心中的思绪。我只感到细沙的柔软，阳光的温暖，海风的轻缓，只有蓝色的天空和蓝色的大海笼罩着我的心田。温暖的阳光照着我的全身，我的全身都感到暖洋洋的。阳光正照着我的头，我的头感到温暖而沉重。

轻松的暖流流进了我的右肩，我的右肩感到温暖而沉重。我的呼吸越来越慢、越来越深。轻松的暖流，流进了我的右手，我的右手感到温暖而沉重。我的呼吸越来越慢、越来越深。轻松的暖流，又流回到我的右臂，我的右臂感到温暖而沉重。轻松的暖流从我右臂又转到了我的脖子，我的脖子感到温暖而沉重。

我的呼吸越来越慢，越来越深。轻松的暖流，流进了我的左肩，我的左肩感到温暖而沉重。我的呼吸越来越慢，越来越深。轻松的暖流，流进了我的左手，我的左手感到温暖而沉重。我的呼吸越来越慢、越来越深。轻松的暖流，又流回我的左臂，我的左臂感到温暖而沉重。

我的呼吸越来越慢、越来越轻松。我的心跳也越来越慢、越来越有力。轻松的暖流，流进了我的右腿，我的右腿感到温暖而沉重。我的呼吸越来越慢、越来越深。轻松的暖流，流进了我的右脚，我的右脚感到温暖而沉重。我的呼吸越来越慢、越来越深。轻松的暖流，又流回到我的右腿，我的右腿感到温暖而沉重。

我的呼吸越来越慢、越来越轻松。我的心跳也越来越慢、越来越有力。轻松的暖流，流进了我的左腿，我的左腿感到温暖而沉重。我的呼吸越来越慢、越来越深。轻松的暖流，流进了我的左脚，我的左脚感到温暖而沉重。我的呼吸越来越慢、越来越深。轻松的暖流，又流回到我的左腿，我的左腿感到温暖而沉重。

我的呼吸越来越慢、越来越轻松。轻松的暖流，流进了我的腹部，我的腹部感到温暖而轻松。轻松的暖流，流进了我的胃部，我的胃部感到温暖而轻松。轻松的暖流最后流到了我的心脏，我的心脏感到温暖而轻松。心脏又把暖流送到了我的全身，我的全身感到温暖而轻松。我的呼吸越来越深、越来越轻松。我的整个身体都已经变得非常平静。我的心里安静极了，已经感觉不到周围的一切。周围好像没有任何东西，我安然地躺卧在大自然的怀抱里，非常轻松，十分自在（静默几分钟后结束）。

自主训练放松技术虽然简单，但有很强的功效。它可以帮助你解除心理紧张和心理压力，增强你的心理耐力。在坚持训练一段时间之后，你如果发现自己真的变得心理放松和舒畅起来，这说明你真的有所收益了。这时，你便可以进一步练习，更加熟练地运用它，从而达到运用自如的程度。这样，你就可以做到，不仅能在安静的房间里练习，而且在走路、开会时也能练习，甚至在繁忙的工作中也可以抽出片刻时间做一做。那么，在日常生活中，你就可以永远保持心情舒畅、心理放松的良好状态。

5．生物反馈放松技术

生物反馈放松技术是在放松疗法的基础上通过采用电子仪器实现的。它是从监测到的肌电活动开始的，将肌电活动、脑电、心率、血压等生物学信息进行处理，然后通过视觉和听觉等人们可以认识的方式显示出来，并反馈给当事人，使当事人经过特殊训练后，能够有意识地控制自己的意念，降低交感神经系统的活动水平、减低骨骼肌的紧张及减轻焦虑和紧张的主观状态，从而达到放松效果。对放松不了的当事人，可以采用这一技术。

生物反馈放松技术的运用一般包括两个方面的内容：一是让当事人学习放松训练，以便能减轻过度紧张，使身体达到一定程度的放松状态；二是当当事人学会放松后，再通过生物反馈仪，使其了解并掌握自己身体内生理功能改变的信息，进一步加强放松训练的学习，直到形成操作性条件反射，解除影响正常生理活动或病理过程的紧张状态，以恢复正常的生理功能。

1）生物反馈放松技术的基本要求

（1）精神专一。要求自己集中注意力于身体感觉、思想或想象。默默地或出声地重复一个音、词、句子或想象，以促进逻辑的继发性过程性思维转变为原发性过程性思维。

（2）被动态度。当思维或想象发生分心时，暗示自己不理睬无关刺激而重新集中注意力于精神专一。

（3）降低肌肉能力。处于一种安适的姿势，降低肌肉紧张。

（4）安静的环境。闭目以减少外来的分心，宁静的环境可减少外来感觉的传入。

2）生物反馈放松技术的操作过程

让当事人在安静的环境里，躺在生物反馈仪旁，接上仪器的电极就可以进行了。

（1）进行肌感练习，利用生物反馈放松技术达到消除紧张的目的。当事人一边注意听仪器发出的声调变化，一边注意训练部位的肌肉系统，逐步让当事人建立肌感。同时在进行训练时，要采取被动注意的态度，当事人利用反馈仪会很快掌握这种技巧，迅速打破长期紧张的模式而进入放松状态。

（2）为了逐步扩大放松成果，将仪器灵敏度减低，使当事人适应性提高。这就是所谓的塑造技术，此技术能将放松提高到一个新的水平上。

（3）当事人学会在没有反馈仪的帮助下，也能运用放松技术来得心应手地处理所遇到的各种事件。这就是将技能转换成完全适应日常生活的技术，可以使当事人完全自觉地运用放松技术，达到维护心理健康的目的。

3）生物反馈放松技术的注意事项

（1）在实施生物反馈放松技术前，必须向当事人解释清楚治疗的目的和方法，以消除对电子仪器的顾虑，使当事人明白，无电流通过躯体，也无任何其他危险。

（2）说明此疗法主要依靠自我训练来控制体内机能，且主要靠按时练习，仪器监测与反馈只是初步帮助自我训练的手段，而不是治疗的全过程。要每天练习并持之以恒，才会有良好的效果。全部解释可用录音播放，再进行个别答疑和补充。

（二）保险箱技术

保险箱技术是当事人有意识地对自己的心理创伤进行清除，从而使自己在比较短的时间内，从痛苦的念头中解放出来的技术。它是情绪稳定化技术之一，是一种处理负性情绪的技术，也是靠想象方法来完成的。它通过对心理上的创伤性经历"打包封存"，实现个体正常心理功能的恢复。这一技术不仅可以用于处理严重的心理创伤，更能有效处理平常一般的压力和情绪困扰。

在保险箱练习中，当事人可以将给自己带来负性情绪的东西锁进一个保险箱，钥匙由自己掌管，并且可以自己决定，是否愿意及何时打开保险箱的门，来重新触及那些带来负性情绪的压力及探讨相关的事件。

以下是保险箱技术的引导语。同样地，当事人可以先深呼吸让自己放松和安静下来，再根据引导语继续下去。

引导语

保险箱

请想象在你面前有一个保险箱，或者某个类似的东西。

现在请你仔细地看着这个保险箱：

它有多大（多高、多宽、多厚）？

它是用什么材料做的？

是什么颜色的（外面的，里面的）？

壁有多厚？

这个保险箱分了格，还是没分格？

仔细关注保险箱：箱门好不好打开？关箱门的时候，有没有声音？

你会怎么关上它的门？钥匙是什么样的？

（必要时可以帮助当事人想象：锁是密码数字、是挂锁、是转盘式的，还是同时有多种锁型？针对年轻人，或是对技术感兴趣的当事人，应该允许他们对新型的锁具展开想象，如遥控式的或通过计算机操纵的锁。）

你看着这个保险箱，并试着关一关，你觉得它是否绝对牢靠？如果不是，请你试着把它改装到你觉得百分之百可靠。然后，你可以再检查一遍，看看你所选的材料是否正确，壁是否足够结实，锁是否足够牢实……

现在请你打开你的保险箱，把所有给你带来不快的东西，统统装进去……

有些当事人一点都不费事，有些则需要帮助，因为他们不知道如何把令他们不舒服的画面装进保险箱。此时，我们应该帮助当事人把心理负担"物质化"，并把它们不费多大力气地放进保险箱。例如：

感觉（如对生命的绝望）及身体不适（如疼痛）：给这种感觉/身体不适设定成一个具体的东西（如怪兽、青蛙、冰雹、火球等），尽量使之可以变小，然后把它们放进一个小盒子或类似的容器里，再锁进保险箱里。

念头：在想象中，将某种念头写在一张纸条上（如用某种看不见的神奇墨水，只能用某种特殊的东西才能使之显示），将纸条放进一个信封封好。

图片：激发想象，把想象到的东西用图片显示出来；必要时可以将之缩小、去除颜色、使之泛黄等，然后装进信封之类的容器内，再放进保险箱。

内在电影：将相关内容设想为一部电影录像带，必要时将之缩小、去除颜色、倒回到开始的地方，再把录像带放进保险箱。

声音：想象把相关的声音录制下来，将音量调低，倒回到开始处，放进保险箱。

气味：如将气味吸进一个瓶子，用软木塞塞上，再锁好。

锁好保险箱的门，想想看，你想把钥匙（根据不同类型的锁，钥匙可以是写有密码数字的纸条或遥控器等）藏在哪儿。

最好不要把钥匙或者其他锁具藏在治疗室，也不要把它扔掉或弄丢，否则当事人就没有寻找创伤性材料的途径了。

请把保险箱放在你认为合适的地方。这地方不应该太近，而应该在你力所能及的范围里尽可能地远一些，并且在你以后想去看这些东西的时候，就可以去。原则上，所有的地方都是可以的，如森林里，或海边的沙子里。有一点要事先考虑清楚，就是如何能再次找到这个保险箱，如使用某种特殊的工具或某种魔力等。保险箱同样也不适合放在治疗室中，也不要放在别人能找到的地方……

如果完成了，就请你集中自己的注意力，回到这间房子。

如果很认真、明确地构建了自己的"保险箱"，你就可以在自己有巨大压力而难以承受时，加以使用了。你可以尝试将各种压力及压力感受、情绪等装入自己的保险箱，让自己暂时封闭压力源，等自己状态比较好的时候，再拿出来慢慢面对和处理。

保险箱技术的关键是"打包"过程，即心理负性因素的"物质化"，如将感觉、念头、记忆等压缩成图片或场景，并进行打包，使之能放进保险箱。

（三）安全岛技术

安全岛技术是一种用想象法改善自己情绪的心理学技术，能在出现自己不愿面对的负性情绪时，找到一个仿佛是世外桃源的地方暂避一时，借以稳定情绪。

所谓"安全岛"，是指在内心深处，寻找一个令你感到绝对舒服和惬意的地方，它可以是真实存在于现实世界中的，也可以是你想象出来的地方，或乡间，或海滨，或森林，或沙漠，或草原，总之是你最喜欢的环境，然后在这个大环境里再构建一个小环境，可以用你喜欢的材料盖一间房子，可以是别墅，也可以是小木屋。如果你觉得不安全，可以在房子周围围上围墙，还可以养两条狼狗，以此让你获得安全感。用对你来说最宁静、最提神的东西来装修这间屋子，不论它们是什么。墙面的颜色是你最喜欢的"愉快"色调。屋子的装饰朴素简单，里面没有让人分散精力的元素，非常干净整洁，一切都井井有条。简明、安静、美丽是它的基调。屋子里有你喜欢的舒适座椅。从一扇小窗户向外看去，你能看到美丽的海滩。海浪向沙滩涌来，然后再退去，但是你听不到它们的声音，因为你的屋子特别安静。

这个地方应该是受到良好保护的地方，有一个安全的边界，未经你的允许，其他人是不能进入这个地方的，这里只有你一个人可以进来。当然，如果你感觉到很孤独，也可以找一些有用的物件或友好的小动物带着。但是，不能是人，因为只要涉及人与人之间的关系，就有可能产生压力感，而安全岛上是不应该有任何压力的，这里只有好的、保护性的、充满爱意的东西。

在想象中建这样的房子时，你要全身心地投入，就像真的盖房子一样。要对屋里的每个细节都耳熟能详。不要让"这有点孩子气"的想法让你半途而废。

⏱ 引导语

安全岛技术

现在，请你闭上眼睛，在内心世界里找一找，有没有一个安全的地方，可以让你感受到绝对的安全和舒适。它可能存在于你的想象世界里，也可能就在你的附近，无论它在这个世界或者这个宇宙的什么地方……

你可以给这个地方设置一个界限，这里只属于你一个人，没有你的允许，谁也不能进来。如果你觉得孤单，可以带上友善的、可爱的东西来陪伴你、帮助你，但是真实的人不能被带到这里来……

别着急，慢慢考虑，找一找这样一个神奇、安全、惬意的地方，直到这个安全岛慢慢在自己的内心清晰、明确起来……

或许你看见某个画面，或许你感觉到了什么，或许你首先只是在想着这么一个地方让它出现，无论出现的是什么，就是它啦……

如果在你寻找安全岛的过程中，出现了不舒服的画面或者感受，别太在意这些，而是告诉自己，现在你只是想发现好的、愉快的画面——处理不舒服的感受可以等到下次再说。现在，你只是想找一个只有美好的、使你感到舒服的、有利于你恢复心情的地方……

你可以肯定，肯定有一个地方，你需要花一点时间、有一点耐心……

有时候，要找一个这样的安全岛还有些困难，因为还缺少一些有用的东西。但你要知道，为找到和装备你内心的安全岛，你可以利用你想到的器具，如交通工具、日用品、各种材料，当然还有魔力、一切有用的东西……

（在个别治疗时，可以说："当你到达了自己内心的安全岛时，就请告诉我。如果你愿意，你可以向我描述这个地方的样子；如果你希望我对此一言不发，也没关系。"）

在当事人描述其内心活动的过程中，干预者应伴随其左右，通过多次提问而使其想象中的画面更加清晰起来：

你的眼睛所看见的，是否让你感到舒服？如果是，就留在那里；如果不是，就变换一下，直到你的眼睛真的觉得很舒服为止……

气温是否很适宜？如果是，那就这样；如果不是，就调整一下气温，直到你真的觉得很舒服为止……

你闻到的气味是否让你感到舒服？如果是，就保留原样；如果不是，就变换一下，直到你真的觉得很舒服为止……

环顾一下左右，看看这个安全岛是否真的让你感到完全放松、绝对安全、非常惬意。请你用自己的心智检查一下……

如果有哪里让你不舒服的话，你可以利用各种手段对其作出调整……看看这里是否还需要添加什么东西，才会让你感觉非常安全和舒适……

把你的小岛装备好了以后，请你仔细体会，你的身体在这样一个安全的地方，都有哪些感受？你看见了什么？你听见了什么？你闻到了什么？你的皮肤感觉到了什么？你的肌肉有什么感觉？呼吸怎么样？腹部感觉怎么样？

请您尽量仔细地体会现在的感受，这样你就知道，到这个地方的感受是什么样的……

如果你在这个小岛上感到绝对安全，就请你用自己的躯体设计一个特殊的姿势或动作。以后，只要你一摆出这个姿势或者一做这个动作，它就能帮你在想象中迅速回到这个地方，并且让你感觉到舒服。你可以握拳，或者把手摊开。这个动作可以设计成别人一看就明白的样子，也可以设计成只有你自己才明白的样子。

请你带着这个姿势或者动作，全身心地体会一下，在这个安全岛的感受有多好……

撤掉你的这个动作，回到这个房间里。

如果有愿意搭档的朋友或伙伴，你们可以相互帮助，帮助对方构建自己的安全岛。你也可以请自己的朋友等可靠的人读引导语来帮助你构建自己的安全岛，也可以将这样的引导语录制下来，然后播放给自己听。如果你很认真、明确地完成了自己内在安全岛的构建，就可以在自己情绪状况不好的时候加以使用了。例如，当你很伤心、难过、愤怒、焦躁时，可以让自己进入内在的安全岛，从而重新获得愉悦、平静的心情。

人在遭遇了危机事件后，情绪会有剧烈的波动起伏，通过想象安全岛，可以重建内心的安全感，并调节改善情绪。因此，想象的画面并不重要，想象中的体验才是最重要的，安全岛最重要的工作就是强化这种体验。

（四）蝴蝶拍技术

蝴蝶拍，顾名思义，就是像蝴蝶一样拍打翅膀，又好像我们在自己拥抱、安慰自己，可以促使心理和躯体恢复并进入一种稳定的状态。从生理学的角度讲，这个练习，是对身体进行双侧刺激，促进信息加工，激活副交感神经，从而使我们的情绪稳定，获得安全感、愉悦感。

⏱ 引导语

蝴蝶拍技术

　　请你在一间安静的屋子里，以非常舒服的姿势坐着，全身放松，双眼可以闭上，也可以微微眯着。非常好，做一次深呼吸。下面，请把手臂交叉放在胸前，左手手掌可以触碰到右侧锁骨中间偏外侧的位置，右手手掌触碰到左侧锁骨中间对称区域，双手模仿蝴蝶的翅膀，左右各拍一次为一轮，用自己感觉舒服的力度去拍。一边轻轻拍打自己的肩膀，一边做一次深呼吸，面带微笑，并告诉自己"现在我是安全的"。以秒的"滴答滴答"为轻拍的速度和节奏，一般8～12轮为一组。（注意：是左右交替轻拍，速度不要过快。）带着"现在我是安全的"（可以不断重复）的感觉，感受自己和周围环境连接的感觉，开始轻拍。在这个过程中，允许自己的头脑中自然浮现的各种感受、想法、情境及身体的各种感觉，让其自然而然地发生。此刻，一些给你带来负性情绪的情境一幕幕地出现在你的脑海当中，仿佛过电影一般，你所看到的、听到的、闻到的，都在脑海中闪过，感受自己的身体有什么样的感觉。不用压抑你的想法，让它自由地飘过，而你的双手只需要持续地做蝴蝶拍的动作。非常好。当你持续做蝴蝶拍的动作，你的肩膀感受到你的轻拍时，你就会感觉到，那些事情都开始慢慢变淡了，那些场景越来越虚、越来越淡，最终，在你的脑海中完全消失。而你所有的紧张、焦虑和各种不好的情绪，也随着它们一点一点地消失。好的，非常好，你可以继续拍打自己的双肩，感受拍打的力量，通过拍打，你获得了力量，获得了勇气。在这个过程中，你的情绪也平静了下来，你的身体仿佛通过拍打、振动，重组了一般，变得更加柔韧、坚实。能够感觉到通过拍打，你身体的血管、经络也变得更加流畅、顺畅，你的血液能够在血管中自由地流淌，为你身体各部位带去滋润和营养。再做一次深呼吸，感受身体的滋润、营养，逐渐变得强大。

　　下面，我会从1数到5，给你足够的时间，让你感受自己的平静和强大。1—2—3—4—5！非常好！现在，经过了短暂的恢复，你的内心非常平静，且更有力量；你的头脑变得更加清晰，可以去理性思考、作出判断，而你的身体，也因为充满营养而变得拥有力量，免疫功能更加强大，抵抗力更加强大。下面，我会从 5 数到 1，当我数到 1 的时候，你就可以带着这种非常好的状态，醒过来。醒来以后，你可以以更好的状态，面对工作、面对家人，或者很好地去放松、休息。5—4—3—2—1！醒来吧！

拍完一组后停下来，做一次深呼吸，感受当下。当一组完成后如果感受是安全的或者是你自己喜欢的，可以重复上述过程 2~3 组，然后停止。

需要注意的是，少数人在这个过程中可能会出现负性或者不舒服的感受，告诉自己"现在我只关注正性且积极的东西，其他不舒服的先放在一边，现在我是安全的"。如果这样做可以赶走刚才的负性想法或体验，可以继续做蝴蝶拍；如果还是不能赶走，请停止做蝴蝶拍。起身关注周围环境中的其他东西，如房间里有几种颜色等，让自己回到此时此地，做深而慢的呼吸，同时体验当下的安全感。

三、情绪情感表达技术

情绪情感表达技术是运用一定的方式方法表达出当事人的情绪情感，以达到心理干预预期效果的目的。情绪情感表达技术通常有绘画治疗技术、心理沙盘治疗技术、音乐治疗技术等。

（一）绘画治疗技术

绘画治疗技术是情绪情感表达技术之一，是让绘画者在绘画的过程中，通过绘画工具，以投射理论为基础，将潜意识内压抑的感情与冲突呈现出来；同时，在绘画的过程中，绘画者在心灵、情感和思想上，将获得负性情绪的释放、解压、宣泄，调整情绪和心态、修复心灵上的创伤、填补内心世界的空白，获得满足感、成就感和自信心，从而达到诊断与治疗的良好效果。绘画治疗技术不限制年龄，成人或儿童都可以通过绘画治疗技术，获得任何良好的心理需求。干预者可以通过图画了解其内心世界，透析深度困扰当事人的"症结"，从而对症下药，让当事人的负性情绪在一定时间内得到缓解，这是心理健康恢复的方法之一。

1．绘画治疗技术的理论基础

绘画治疗技术主要以分析心理学中的心理投射理论为基础，心理投射是一种心理防御机制，它被认为是无意识主动表现自身的活动，是一种类似自由意志物在意识中的反映。投射的产物不仅以艺术的形式存在，梦境、幻觉、妄想等也都可以理解为心理投射。艺术心理学认为，绘画天然就是表达自我的工具，是用非语言的象征性工具表达自我潜意识的内容。

2．绘画治疗技术的作用机制

绘画作为心理治疗的有效工具，其表达性、开放性与内省性对于当事人情绪状态的疏导、心理潜能的开发、心理问题的筛查等均具有独特的优势。它能够反映出人们内在的、潜意识层面的信息（心理意象），是将潜意识的内容视觉化的过程。人们对绘画的防御心理较低，在不知不觉中就会把内心深层次的动机、情绪、焦虑、冲突、价值观和愿望等投射在绘画作品中，有时也可以将早期记忆中被隐藏或被压抑的内容更快地释放出来，并且开始重建过去。而且在绘画的过程中，个体可以进一步厘清自己的思路，把无形的东西有形化，把抽象的东西具体化为心理意象。这样就为干预者提供了足够多的真实信息来为当事人分析和治疗。在绘画治疗中，引导当事人学会运用绘画表达自我、释放情绪、改善行为、重构认知，并将这种方式迁移到日常的自我调节、自我管理与自我成长中，使绘画技术成为当事人维护自我身心健康的有效手段。

由于意象和言语属于不同的认知系统，用逻辑思维中的言语改造原始认知中的消极意象（心理障碍）是很困难的，因此某些谈话疗法效果不理想、不长久。例如，有些人发现他人心理有问题，常采用劝告、疏导的方式，以为改变了他人的观点认识就能解决问题，却不知道因为言语在解决心理问题中存在局限性而难以使思想工作有实效。绘画和治疗之间的交互作用可以评估治疗过程，并澄清人格的内在动力，揭露隐藏的冲突。绘画可以帮助个体辨认在其行为当中反复发生的问题，并专注在最凸显的问题上。实践表明，绘画是人们最适宜的心灵表达方式。

绘画作品可以作为当事人内心的投射，往往传递着丰富的内涵，对于自杀心理危机干预有着独特的作用。

（1）促进干预关系的建立。绘画活动在干预者和当事人之间架起了一座连接的桥梁，避免了直面危机事件和危机过程，有助于避免一些咨访关系和谈话中的阻抗，有利于启动干预关系的建立和推动干预关系的发展。

（2）表达认知和情绪。绘画可以是表现梦想、逃离恐惧和表达其他方式难以表达的经历的途径。绘画技术能够有效帮助当事人表达自己无法用语言描述的潜意识内容，同时非言语治疗中的象征作用能够积极启动当事人的原型自愈机制。

（3）了解内心世界。用图画传递出的信息自然要比语言更丰富，一幅图画胜似千言万语。读图是最简单、最直接了解人内心世界的方法，可以读出绘图者的性格、情绪状态、智力、人格特点、人际交往、心理发展状态、心理困惑与冲突等内心世界。绘画是最有效的直达人内心的工具之一，人们可以通过这个方法打开内心。绘图者的任何一个涂鸦、画幅的大小、用笔的轻重、空间配置、颜色、涂抹等都有特定的代表意义，都在传递着绘图者的个体信息，由此可见，通过绘画可以了解一个人的内心世界。

（4）治疗作用。由于绘画治疗具有安全性、象征性等特点，对创伤后应激障碍者可以起到快速的治疗作用，协助其从绘画中了解自己的心灵世界及想法，进入自己的心灵及生命历程，探索自我的内心世界、动机及自我真实的需求。干预者在绘画治疗的过程中与当事人的积极互动，使当事人感到安全的治疗关系，可以使遭受创伤的当事人在创造性的活动中得到恢复。

3. 绘画治疗技术的实际操作

绘画治疗技术的操作实施灵活，主要是干预者以当事人创作的绘画为中介，对当事人进行分析和治疗。它的实施过程体现了精神分析治疗、结构化治疗、人本主义治疗等的思想。罗杰斯认为，只有让个体在一个无条件的正向尊重的环境中，他们才能真正地表达自己。在绘画治疗的过程中，干预者会给当事人以尊重和积极关注的环境进行创作。对创作的成果，可以按照精神分析治疗把它作为心理分析的依据和工具，也可以根据结构化治疗，使当事人通过绘画发泄能量、降低驱力，从而摆脱心理困扰。

1）绘画形式

随着绘画治疗的发展，在实际治疗中，投射潜意识的绘画形式主要有三类：一是自由绘画（不做任何要求的自由涂鸦）；二是规定主题的画（如自画像、房、树、人等）；三是介于二者之间，给出一定刺激，但并不规定以什么内容作画，主要是对未完成的绘画进行添补，干预者最终的分析也不是根据当事人的绘画内容而定，而是根据当事人在给定的图画上做了什么性质的改动（如添加人物、绘画接力等）等而定。

绘画投射出的信息是丰富的、开放的，这是其他治疗技术望尘莫及的地方，但它对评估者要求较高。评估者对作者的熟悉程度、双方信任关系的建立，对理解绘画作品，充分利用其信息有重要作用。此外，对绘画作品的解释应该谨慎。一是要由专业人员来解释；二是当事人本人的解读很重要，因为绘画带有一定的随意性，只凭书本上的标准解释是一种不专业、不严谨的做法，对当事人的帮助是有限的，有时甚至是无益的。

2）治疗形式

绘画疗法的优势除展示信息的丰富之外，还不受当事人年龄、绘画水平的限制，并且根据实际情况，可以进行单个人治疗，也可以进行集体治疗。集体绘画治疗研究发现，成员在展示和解释画的同时也在表达自己的心理状况，当其他成员提出对自己所绘图画的印象时，多会虚心地接受和反思自己，有的甚至反思自己性格的特点和不足。而且，由于言谈的中心是以绘画为线索展开的，成员一般不会认为话题是针对自己的，从而使集体的交流变得流畅。同时，集体绘画治疗也给个体接触他人的机会，在观察他人的图画时会发现自己没有想到的，有利于把自我关注拉向外界。绘画治疗的实施过程，实际上是当事人在干预者的引导下进行思考、创作、回顾、比较、反思的过程，有助于当事人自己发现和解决自己的问题，真正地做到助人和自助。

4. 绘画治疗技术的情绪表达方式

1）思考与感受模式

干预者要求当事人将生活中的五件大事分别写在五张白纸上，然后再让他们将所有的纸翻过来，在纸的背面将这件事给人的感受或体验用彩色笔画出来，不用强调绘画技术，只选择能代表体验的颜色或简单的图形即可。这个技术帮助人认识到对事件的认识与对事件的感受是不同的，其间的差异也是相当大的。缩短这个差距就意味着学会处理内心困扰的能力。

2）情绪情感的表露

在团体中，有的成员在自我情感表露方面会有困难。这时团体带领者将事先准备好的一幅有各种面部表情的人像图片呈现出来，要求团体成员注视这幅图片刻，然后对这幅图作出非言语性的反馈，如用体态语言、面部表情、手势作出反应。这个技术可以帮助性格内向、羞怯的成员尝试表达情感，增强交流能力。如果仍有困难，可以请这位成员独自练习，或请带领者或其他成员做示范。这个技术也可以在个体咨访中使用，可以起到同样的作用。

3）体验个人情绪

干预者或团体带领者要求每个人面对自己的纸和画笔，不要关注其他人在干什么。选择一种自己喜欢的颜色，尽可能地将颜色涂满整个纸面，对着这种颜色或画出来的图静静地观察片刻，就会体验到这种颜色引发了某种心情，而这种心情是难以用语言描述的。不要急于命名这种情绪，静静地停留在这种情绪中，试着体验它，再体验它。

这个技术可以用于个体咨访，帮助查找情绪的缘起，也可以用在团体中，加深个体自我体察的能力。用同样的方式，换一种不喜欢的颜色，可以探索负性情绪体验。但这时如果是在团体中，指导者的控制力就很重要了。如果控制不住，负性情绪泛滥开来达到不可收拾的地步，就会带来不良影响，成为实现团体目标的障碍。如果负性情绪引发的问题来不及处理，就会使当事人面临受伤的风险，这在个体咨访中也是一样的。

4）让画中人说话

干预者或团体带领者要求当事人或团体成员思考自己生命中的重要他人及对自己的影响，想想这个人的样子，将他的大概形象画出来，然后想象自己就是这个人。这时，干预者可以引导当事人从重要他人内心在想什么、想对你说什么等问题入手，帮助当事人站在"重要他人"的角色里体验并将体验说出来。

这个技术与角色扮演或空椅子技术起到的作用相同，可以分为"替重要他人说话"和"与重要他人对话"两种方式，帮助当事人宣泄情绪，梳理与重要他人的关系；还可以通过从对方的立场看问题来达到改变态度的目的；也可以提高自我意识程度，即为行为改变带来可能。

5）表达负性情绪

干预者请当事人对事先准备的绘画作品表达某种不喜欢、不赞同的情绪和情感。通过这样的过程，当事人可以学习以平静而安全的方式表述自己的不愉悦体验，而不是以发脾气或扭曲的方式进行交流。例如，对作品或绘画作品中的人物说："我感到我不信任你，因为……"在这个过程中，当事人经历了当众表达自我的恐惧，学会了如何面对负性情绪的表达。这个技术可以提高社交能力，改善沟通技巧。

6）与负性情绪和谐相处

在绘画过程中，干预者要求当事人不断识别出现的各种情绪，并且尝试与这些情绪同在，特别是在咨询的某个特定阶段，当事人可能会体验到沮丧、失望、空虚、混乱等情绪，这时干预者要强调说："试着待在这种情绪里。""注意这种情绪来临时，你的身体有什么感受？""你感觉到了什么？""这时候你的期望是什么？"当防御机制起动时，当事人就会采取逃避或拒绝的态度。这个技术帮助当事人学习与负性情绪和谐相处，继而建立自信与自制能力。当当事人能够与当下的负性情绪和谐相处的时候，疗效就会自然发生了。

7）"打包"恶劣心境

干预者要求每个人将自己曾经体验过的恶劣心境用一句话描述出来，再选一种颜色来代替这句话描述的心境。然后在干预者的指导下，当事人想象将所有这些不良情绪一一"打包"。时间要充分，干预者要引导当事人尽可能将想象到的所有恶劣心境都考虑到，一并处理。借助想象，可以将这个包裹扔到九霄云外。这个技术用于处理当下的负性情绪。由于大脑对想象出来的心境和真实的心境难以作出区分，所以想象将负担卸下去对身体来说就意味着真正地减缓压力。

8）画出怨恨的人

干预者要求当事人闭上眼睛，回忆一个曾经怨恨的人，将这个人的形象用线条或颜色表示出来。只要当事人本人看出来所画的人像那个怨恨的人就可以了，当然，画得像一些也不错。然后，由干预者引导当事人对着画中的人物说出，"我恨你，因为你背叛了我""我心里很怨恨你，因为你当着大家的面训斥我"等诸如此类的发泄话语。这时，干预者将这幅画撕碎或毁掉，直到当事人感到将内心的怨恨释放出去。这是一个象征性的手法，将过去的情绪唤起，并提取到当下来处理，即让那个自己曾痛恨的人在内心已经"死去"，使当事人内心的愤怒由此可以得到宣泄，再回到生活中的时候就会发现纠缠已久的旧日怨恨情绪早已消失。

9）画一幅有表情的面孔

干预者或团体带领者选出一位志愿者坐在团体的中间，对着大家作出各种表情，将欣喜、愤怒、哀伤、迷茫、满足、挫败、仇视等情绪表演出来。每种情绪保持 1 分钟左右，由大家将各种表情画出来，然后在团体中间展开讨论。时间允许的话，可以让每个人轮流上场表演。这个技术可以帮助当事人了解、识别、体验情绪反应，从而开始尝试处理沟通中的各种情绪。

10）画出伤痛事件

干预者要求当事人回忆那次令人伤痛的事件场景，继而将场景画出来。然后鼓励当事人回到当时的情绪中，重新体验那一刻的心境。在当事人说"当时我走在漆黑的道路上，感到很害怕"时，干预者就引导他将这个陈述改为更具体的细节，如"当时，我走在漆黑的道路上，感到很害怕。那是深夜的 11 点多。空气又冷又湿，当时我还有觉得有些头痛。我知道我不能回家了，我感到绝望，我的全身都缩得紧紧的"。这些细节会使当事人将过去经验带到当下。

有创伤后应激适应不良、未完成事件、未解决冲突等背景的当事人，很可能正在受着某些情绪的折磨，如恐慌、迷茫、挣扎等。这个技术使他们回溯旧日情景时有身临其境的体验，将这种体验带到当下来处理，会让干预者帮助当事人给过去做一个了结。这个过程对于当事人来说，是一个自我整合的最后阶段。

绘画治疗技术在执行过程中对干预者有一定的要求，不仅要具备心理学的理论基础和实践经验，还要对绘画艺术有一定的认识。特别要注意的是，绘画技术往往基于干预者自己的背景知识和生活经验，所以诊断结果常具有一定的主观性。

（二）心理沙盘治疗技术

心理沙盘治疗技术，是当事人在一个安全的、受保护的和自由的空间，使用沙、沙盘及有关人或物的缩微模型，在一个沙箱里搭建任意图形图画来进行自我表达的一种心理辅导方法。它可以使当事人把无意识状态在心理沙盘中呈现出来，可促进激活、恢复、转化、治愈、新生的力量，进而达到心灵发展和转化的目的。这种方法对当事人心理健康的维护、想象力和创造力的培养、人格的发展及心性的成长都有促进作用。干预者从旁观察、共感与接纳，对自杀创伤后应激障碍有较好的心理干预效果。

1．心理沙盘治疗的特点

充分利用非言语交流和象征性意义，强调创造过程本身的自发性和自主性，注重其内在心理的充实与发展，最大限度地给当事人以想象的自由，允许当事人精心构造和发展自己头脑中任意驰骋的各种主题。可以由个体单独进行，也可以由团体一起完成。可以自由地完成沙盘，也可以根据一定的主题完成主题沙盘，各种方式有其特别的程序，但是都遵循接纳、保护和自由的无意识工作方式。

2．沙盘心理治疗的步骤

1）创造沙盘世界

创造一个安全的、受保护的和自由的空间，并形成一种积极的期待，向当事人介绍沙盘、物件和制作沙盘的过程，让他明白有充分的条件可以选择任何模具来进行任何形式的创造。干预者要处在一个令当事人觉得舒适的位置，让当事人知道制作沙盘的方式无所谓对错。当事人在沙中创造一个场景，干预者保持沉默、全神贯注，主要是见证和尊重当事人的体验而不作干涉或解释，最后请他在完成后通知自己。

然后干预者帮助当事人以一种自发游戏的心态来创造沙盘世界及自由地表达内在的感受。干预者只要说："想玩吗？在那个箱子里做自己喜欢的东西吧。"对于当事人任何担心的提问，都可以用"可以"来回答，或"你想怎样玩，就怎样玩"。这样做是为了不限制当事人的思路，让他自由发挥，唤起"童心"。一旦当事人能够以这样的童心来摆放沙盘，他就开始了借助沙盘探索自我的历程。

2）体验和重建沙盘世界

在沙盘摆放结束后，干预者开始陪同当事人对沙盘世界进行探索，努力深入地体验沙盘世界，在适当的地方给予共情，以及在必要的情况下给出建议性、隐喻性或提问性的诠释。当当事人反思场景时，干预者尽可能保持一种守护性和陪伴性的观察和记录，站（或坐）在一边，静静地观察，不要打扰到当事人的创作思路，并努力让当事人自己和沙盘交流，此时所奉行的是"非言语治疗"原则。之后告知当事人可以将沙盘世界保留原状或是做些改变，留出时间给当事人去体验改变后的沙盘世界。

3）治疗

让当事人浏览他的沙盘世界，注意当事人的言语和非言语信息，不要碰触到沙盘，鼓励当事人停留在被激发的情绪中。询问当事人关于沙盘世界的一些问题，只反映当事人涉及的事情，把焦点放在沙盘中的物件上，选择使用治疗性干预方法，如完形技术、心理剧、心像法、回归法、认知重塑、艺术治疗和身体觉察，沙盘世界中更多的改变常常就会出现。

4）记录沙盘世界

在这些过程完成之后，干预者需要记录下当事人的创作过程，如物件摆放的顺序，移动过的物件，反复更换物件的地方及当事人当时的表情状态和情绪变化。记录可以使用文字，也可以配插图，或者加入简图和编号，只要用干预者看得懂的符号记录下当时的信息就可以。之后要对完成的沙盘作品进行拍照，把整个作品保留下来，最好准备一次成像的相机，可以把相片作为礼物送给当事人。拍摄角度一般在正面的斜上方，需要拍到沙箱的边框；在沙箱内侧边缘拍不到的物件作品可以到背面再拍一张，也可以进行局部拍摄。不管是干预者的记录，还是拍摄作品的照片都需要得到当事人的同意，并加以保密。

5）连接沙盘体验和现实世界

沙盘完成后，可以让当事人给自己完成的作品起个名字，并对作品进行解释（也可以不做任何解释），然后离开。干预者对其解释不做任何评判，除此之外，还可以用欣赏的眼光、接纳的态度与当事人探讨一两句："这里放的是什么？"讨论只限于这类问题，其他的可以不问，就让当事人离开。帮助当事人理解和应用那些通过沙盘而变为意识层面的领悟，将沙盘体验同当事人的现实世界连接起来，询问当事人沙盘中的事件如何反映他的生活，帮助当事人了解沙盘世界的意义，鼓励当事人留意沙盘中的问题是如何在他的日常生活中呈现的。

6）拆除沙盘世界

在当事人离开治疗室之后，再仔细地拆除沙盘世界，回想当事人制作沙盘的过程。

清理沙盘世界，留意它出现的改变，把物件放回架子的适当位置，完成记录。

当事人的沙盘治疗不是一次就结束的，可以在不同的心境、时段来继续进行相关主题的沙盘治疗。每幅作品连贯起来就是一幅更好、更大的沙盘，可以更好地探索当事人的内心世界。

3. 心理沙盘作品的解读

一幅沙盘作品无所谓好坏，都是当事人精心创作的"内心世界"，千万不要带着评判的眼光去看作品。这需要干预者有相当的接纳、理解和共情的能力。干预者可以从以下三个方面来理解整幅作品。

（1）整合性。这是作品留给干预者的整体印象，它是分离的、机械的、贫乏的、固定的，还是交叉的、复杂的、丰富的、灵活的？前者反映了当事人是有心理问题的。

（2）主题。这幅作品主要反映的是自我意象、家庭主题、军营主题、战争主题，还是生与死的主题，这依据干预者对当事人所用物件的把握及当事人在完成之后解释的语句。

（3）空间配置。所谓空间配置，就是指各类物件在沙箱中所摆放的位置及顺序等，它是根据笔迹学中"空间象征理论"发展出的一套图形象征。作为心理分析的治疗方法，沙盘治疗仍然是在无意识层面上的工作，这也就决定了沙盘治疗使用的是象征性的表达方式。因此，要理解沙盘的信息，就必须学习这种无意识的"语言"。

以下提供一些无意识的"语言"参考，但不能绝对匹配。

上：意识、精神意义。

下：无意识、物质、肉体、欲望。

左：内部、母亲、过去。

右：外部、父亲、未来。

左上角：风、死亡观。

右上角：火、希望、回避、终极意义、宗教。

左下角：水、诞生、发展、开始。

右下角：地、堕落、地狱、恶魔。

左上方：生命的旁观。

右上方：与生命的对抗性。

左下方：固执或坚守。

右下方：本能、斗争。

一般来说，作品中的山、神社、佛像、教堂等表现的是人的无意识深层次的东西，放置在左侧的较多；交通工具等具有方向性的物件，如果指向左侧则表示退行，如果指向右侧则表示发展；如果有物件被放到沙箱以外，要看是在完成过程中还是在结束后，在完成过程中放到沙箱外或者反复移动物件，则表示自己的界限还不确定。在完成后放到沙箱外，表示当事人有着难以忍受的心理世界；如果当事人不愿将物件放在沙箱中央，只放在边缘，表示当事人心中存在一些不安和恐惧。

沙盘治疗强调非言语性和非诠释性，而且以体验和经历为主，不是心理投射测验，不需要用定量、定性的结论来评判作品。它只是一幅需要共同欣赏的作品，有些作品丰富而充实，有些作品机械而空寂，有些作品荒诞离奇。沙盘治疗看似在玩，其实不是玩，是在干预者与当事人建立了充分的信任关系以后，当事人借此来表现内心世界的一种方式。干预者看似不做什么，其实是在进行复杂的心理探究，是不带任何歧视和偏见地阅读当事人的心理过程，感受他的流动性和活动性，避免过早地作出片面解释。在治疗中，干预者不对当事人作出明确的象征性诠释或评论，但是这种象征性层面的理解却是指导干预者工作的重要线索。解读沙盘作品，干预者本人还要经历相当一段时间的个人沙盘治疗学习，其目的在于在自身经历上体验每种象征上所依附的无意识层面，也就是说，真正认识这些模具和沙具，并和它们建立物质和心灵间的联系，同时还需要干预者在美学、文学、历史、宗教、组织建构学等方面有较高的修养，并且有丰富的人生阅历。只有进行了这些前期工作，干预者才能达到心灵发展和转化的目的。

4．心理沙盘治疗的注意事项

（1）创造一个安全的、受保护的和自由的空间。

（2）向当事人介绍沙盘、物件和制作过程。

（3）让自己处在一个可以观察到当事人行为的位置，并且这个位置也让当事人觉得自在、没有压力。

（4）要求当事人完成沙盘后通知你。

（5）对当事人进行全程陪伴。

（6）除非当事人请你说话或者你觉得回应当事人的身体语言很重要，否则保持沉默。

（7）留意非语言线索，如面部表情、叹气、肢体动作等。

（8）注意场景创造的顺序和方式。

（9）除非当事人要求，否则不要主动介入他的活动。

（10）不要碰触沙盘。

（11）客观地观察（和记录）当事人所做的事，而不是去解释。

5．心理沙盘治疗时应该观察的事项

（1）沙子、水和物件的利用情况，当事人是靠近还是远离了某个物件。

（2）选择和放置物件的顺序和方式，哪些物件被选择，哪些物件虽被触及却又没被采用，吸引当事人的或者被当事人排斥的物件。

（3）当事人创造沙盘世界的方式、速度、强度、物件的数量。

（4）物件的属性，如质地、颜色、尺寸等。

（5）空间的运用，如物件的摆放位置，是聚集在一起，还是被放在空旷的区域里。

（6）物件面对的方向。

（7）非语言线索，如面部表情、肢体语言、叹气。

（8）在沙盘中所做的改变，如物件和沙子的增加、移除、移动和分离。

（9）当事人在命名物件时所运用的语言。

（10）被丢弃和被隐藏的物件。

（三）音乐治疗技术

音乐治疗技术是以音乐的实用性功能为基础，按照系统的治疗程序，应用音乐或音乐相关体验，如听、唱、演奏、音乐创作和其他艺术等各种活动促进身心健康的技术。

音乐作为一种治疗手段，可通过艺术感染力作用于人的心理，以情导理，既能增强人体的抗病能力，又可以消除人精神上的阻滞。节奏鲜明的音乐能振奋人的情绪，如军乐曲、进行曲一般都具有鲜明的节奏感，可以使人兴奋、激动、热血沸腾；旋律优美悠扬的乐曲则能使人情绪安静和轻松愉快。

用于情绪情感表达的音乐治疗主要以唱歌、乐器演奏、音乐创作和音乐游戏等为主，也可把音乐与体操和跳舞结合运用，使人们在心理上达到自我调整。在治疗中，请当事人根据音乐所营造的氛围，用心体验自己的情绪或感受。

1. 音乐治疗机制

音乐治疗技术是通过生理和心理两个途径对当事人进行危机干预。一方面，音乐的声波频率和声压会引起生理反应，使颅腔和胸腔或某一组织产生共振，这种共振现象会直接影响人的脑电波、心率、呼吸节奏等，这可以改善神经系统、心血管系统、内分泌系统和消化系统的功能。另一方面，音乐的声波频率和声压会引起人的心理反应，提高大脑皮质的兴奋性，改善人的情绪，激发人的感情，振奋人的精神。具体表现在以下几个方面：

（1）音乐刺激能影响大脑某些递质（如乙酰胆碱和去甲肾上腺素）的释放，从而改善大脑皮质功能。

（2）音乐能直接作用于下丘脑和边缘系统等人脑主管情绪的中枢，能对人的情绪进行双向调节。

（3）情绪活动的中枢下丘脑、边缘系统及脑干网状结构与自主神经系统密切相关，也是人体内脏器官和内分泌腺体活动的控制者，因而情绪的紧张状态能直接导致某些内脏器官的病变，从而罹患"心身疾病"。音乐能表达并调节人的情绪，也就能帮助治疗某些心身疾病。

（4）大脑听觉中枢与痛觉中枢同在大脑颞叶，音乐刺激听觉中枢，对疼痛有交互抑制作用，同时音乐还能提高脑啡肽的浓度，而脑啡肽能抑制疼痛，所以音乐有缓解疼痛的作用。

（5）心理学研究显示，音乐能影响人格，情感培养对人格成长至关重要，而音乐包容了情感的各方面，所以能有效完善人格。

2. 音乐治疗方法

音乐治疗方法可分为接受式、即兴式、再创造式音乐治疗。其中，接受式音乐治疗包括聆听、歌曲讨论等诸多方法；即兴式音乐治疗包括器乐即兴、口头即兴等；再创造式音乐治疗包括歌曲创作、乐曲创作、音乐心理剧创作等。

音乐治疗是运用与音乐相关的手段，如听、唱、演奏、律动、创作和其他艺术形式等方法，达到使被治疗者恢复健康的目的。

（1）听。音乐是一种善于表达和激发感情的艺术，听音乐的过程也是感情体验的过程，使人在乐声中融入浩渺的宇宙中去，与大自然浑然一体。音乐还能表现激烈的冲突，表现人与命运的搏斗，寄托和排遣人心底的痛苦和忧伤。音乐不仅能帮人解除苦恼，而且能够冲破习惯思维的束缚，使人的想象插上翅膀，激发出巨大的创造力和潜能，达到音乐与情绪情感的同步一致，引发共鸣，促进内省。

（2）唱。唱歌可以表达此时的情绪情感，同时，唱歌可以使人心情愉悦，即使是浅唱低吟也能使人心头的郁闷一扫而空。

（3）演奏。器乐演奏能够创建干预者与当事人的信任关系、引导当事人主动参与动机，反映当事人情绪情感状态。

（4）律动。律动是统合视觉、听觉、触觉等感官经验，通过碰触、模仿与他人共舞，促进彼此的交互，以此表达情绪情感。

（5）创作。创作是通过歌词创作、歌曲创作抒发情感。也可以对歌词进行讨论，激发当事人的创造力，促进干预者与当事人双方的互动，进行情绪情感上的分享。

运用音乐表达人的情绪情感，除音乐本身所具有的审美性对人有影响以外，还因为音乐能够在技术上最大限度地模仿或再现各种各样的情绪，尤其是有针对性的即兴创作的音乐更能和人的情绪进行直接的沟通。庄严的旋律赋予人们丰富的想象，悠扬的曲调能够让人愉快地休息，舒缓悦耳的曲子能够驱散疲劳。

四、寻找内在资源技术

所谓内在资源，就是当一些自己无法承受的痛苦情绪发生时，一个人有信心、有能力，通过一定时间的摸索和努力，寻找内心积极的力量，最终能够处理好这些情绪，从而得到应对情境的具体策略。内在资源的本质是一个人在面对痛苦、压力和冲突时保持自我意识、整合自我的能力。可以说，正是因为拥有一定的内在资源，人们才能区分自我和他人、想象和现实，并适应不断变化的心境和外界环境。越是内在资源充裕的人，越能做到这些。

内在资源不足的人似乎总是疲于应对生活的起落，甚至有时会有无助感和绝望感，具体表现为以下几点：

（1）失去信心。他们常常感到莫名的恐慌和无助，认为自己必然会受到伤害。对他们来说，成功或失败、快乐和难过都是不可控的。例如，在进入新的恋情后，他们可能会毫无理由地觉得，对方总有一天会突然离开或出轨，而自己无法做任何事来阻止悲剧的发生。

（2）逃避现实。在遇到逆境、矛盾或危机时，他们总会希望问题可以自行消失。在他们看来，问题是他们无法解决的，唯一可行的做法就是逃离。例如，如果结婚后感到不适应，他们会一心扑在工作上，长期疏远家人。在极端情况下，他们可能会酗酒，或用其他成瘾行为来麻痹自己。

（3）过度理想化。他们对这个世界有许多不切实际的期望，当他们觉得他人或者外部世界是好的时候，他们容易对此有着过于极端美好的评价；但又会在发生不如意时，感到巨大的覆灭和理想的破碎。

（4）情绪失控。他们易情绪失控，即使受到很小的挫折，也会感到非常焦虑或不安。他们可能会无法自控地大发脾气、砸东西，甚至作出自伤或伤人的举动。

内在资源充裕的人具有很强的自我驾驭能力，具体表现为以下几点：

（1）能够主宰自我，具有更稳定的自我概念。这意味着，他们认为自己至少可以在一定程度上主导自己的人生，为自己作出选择。未来对于每个人而言，都充满了不确定性，而内在资源充裕的人，即使他们体会到不确定性带来的焦虑，他们依然会有向前发展的动力，相信自己有机会通过努力逐步实现自己的目标。

（2）能够为自己负责，能够意识到自身行为对自己和他人的影响。在作出行动之前，他们既会为自己考虑，也会考虑他人的利益，并在两者之间作出平衡和取舍。特别是，当他们的行为给他人带来损失时，他们能够直面这样的结果，尝试作出改变或补偿，来修复关系，而非逃离现实或当场崩溃。

（3）较高的修复力，能够和逆境中的自己共处。他们可以接受人生和自己都是不完美的，可以接受自己遭遇失败和挫折。他们会去主动探索自身遇到的困扰，思考有哪些可能的解决办法，而非直接放弃或逃避。即使问题是他们无法处理的，他们也能够带着问题继续前行，不会深陷沮丧之中。换句话说，他们对自己应对问题、走出困境的可能性有较多的信心。

（4）内心更加平静。变化突然降临，内在资源充裕的人有能力处理内心的情绪变化。即使遇到危机，他们的内心也是相对冷静的，不会出现大起大落，不会陷入太长时间或者太严重程度的慌张，因为他们对于自己解决困境的办法有着天然的信心。他们也不会感到被自身的情绪淹没，或是任由自己的情绪和行为失控。

（5）有自我超越的能力。内在资源充裕的人往往更富有创造力，更能拓展自己，以更有意义的方式影响自己的生活轨迹。例如，在到了新的环境后，内在资源充裕的人会主动了解当地文化，学习对适应当地生活有帮助的新知识，探索新的社交圈子，等等。

如果你感到自己的内在资源不足，需要寻找内在的正性资源，增加可控制感，增强面对创伤的能力。那么你可以尝试通过以下几种技术去获得。

（一）内在智者技术

这种技术可以帮助遭受创伤的人在内心构建出一个积极的有力量的帮助者，我们称之为"内在智者"，它可以在你感觉不错的时候陪伴你，也可以在你情绪不好的时候帮助你寻找内心积极的力量，使你拥有安全感。

引导语

内在智者技术

请把注意力从外部转向你的内部，仔细观察自己丰富的内心世界……现在，请你与自己的智慧建立起联系。这听起来似乎有些抽象，但你一定与自己的内在智者打过交道，或许你只是没这么叫过它。

内在智者只有当你的注意力非常集中的时候才会被察觉，它能客观地观察和评论此时此刻正在发生的事情。可以说，内在智者是一个不会撒谎的裁判，它会告诉你什么是对的、什么是好的、什么是真的。如果暂时想不到，你可以回想一下，是否曾经在做完某件事情之后，就会懊悔地想"天呐，我刚才都做了些什么？"这些都是内在智者发出的声音。

内在智者可以是人，也可以是物，它永远都在你的心里，当你需要的时候，它会全力帮助你……请让所有的感觉自由地延伸，看一下你的内在智者是什么样子的，你听到了什么，感觉到了什么。请开启你所有的感官，让它自由地出现，然后留住它……

如果有不舒服的东西出现，请告诉它，它们不受欢迎，然后把它们送走，你现在只想遇到有用的东西，对于其他东西，只有在你想跟它们打交道的时候，它们才可以出现……

（在个别治疗时：如果你想告诉我一些关于你内在智者的事情，那你现在就可以告诉我；如果你想保留自己的经验，也可以。）

如果你能建立这种联系，你就可以让内在智者为你提供一些建议和帮助。请你想一想，你有哪些重要的问题要问他，或者想请他提供哪些帮助或支持……

请把你的问题或要求提得更加明确清楚一些，请你对每种回答敞开心扉，不要对它作出太多评价……如果你已经得到一些答案，请你对这种友好的帮助表示感谢……你也可以设想，经常请这位内在智者来到自己身边，你也可以请求他，经常陪伴在你身边。

如果你希望，但到现在还没有和你的内在智者建立联系，就请你常常做这个练习。总有一天，这种联系会建立起来。现在，请你集中自己的注意力，回到这间房子里来。

（二）遥控器技术

安全岛技术是靠转移注意力，让自己从负性情绪中摆脱出来，进入平静愉悦的情绪中；保险箱技术帮助个体暂时收藏起压力和负性情绪，能够面对生活；而遥控器技术则是帮助个体既能直接提取自己的积极记忆和情绪，又能尝试直面自己的压力源和负性情绪，并且能将个体从负性情绪切换到积极情绪中的一种技术。

这种技术是通过在内心构建一个遥控器，从而对危机事件后可能经常闪回的"图像"有着很强的掌控感，常与保险箱技术一起使用，该技术使用前不需要进行放松训练。

引导语

遥控器技术

你用的电视、新型照相机一定可以对许多图片进行技术处理，如画面闪现和消失的方式、焦距的拉长和缩短等。

请你设想一下，现在你的手上拿着一个遥控器，并可以通过它来调整静止或动态的画面或图像。想一想遥控器的样子，你也可以自己设计一个新的款式。

它是什么样的？是用什么材料做的？是什么颜色的？那些按钮是什么颜色的？上面的按钮是多还是少？按下按钮时的感觉是什么？是那种软橡胶的还是硬塑料的？遥控器拿在手上的感觉是什么样的？很轻还是有点重？很合手，还是有什么地方需要做一些改进？在你的想象里，怎么做都可以……

现在请你再把它拿在手上感受一下，看看你对它是不是满意，或者你还想做一些调整？如果想要调整，就再花一点时间……如果你已经比较满意了，就可以欣赏一下自己设计的遥控器……

现在对遥控器的设计已经完成了，同时它还应该好用，就是说，你还要在技术性能上再花一点时间……为你的遥控器再设置一些你所喜欢和需要的功能，如果你对技术不太在行，我可以提供一些线索。比如说，有电源的开启和关闭，快进和快退，让画面停止或暂停，使画面更亮或更暗，让对比度更高或更低，变焦效果（拉近或推远），声音调大、调小及静音等功能。

如果你愿意，还可以在遥控器上设置一些特殊的功能，如顺计时或倒计时，黑白或彩色，自动定时关机，画面放大或缩小，模糊画面，多画面显示等。不用着急，悠闲地把你的遥控器设计到你最满意为止……

现在请你找出一段积极的回忆内容（可以是一个小场景，就像电影里的一个小片段）……找到这一幕以后，就请你用它来调试遥控器的各种功能。每次都找出一个特定的功能，留意观察，看看它是否能很好地对画面进行调控。

不要着急，在你练习使用各种画面调节功能时，一定要有足够的耐心（根据当事人的情况，可以将引导语发挥得更加具体，如"请按下停止键，看看发生了什么？""按下开始键，又发生了什么？""在画面进行过程中，按下暂停键，发生了什么？”“现在把焦距调近一点，发生了什么？”）。

请你把积极的影片用定格（或暂停键）停止或倒回到最美的一幕，再把这一幕或这张图片处理成常规的尺寸，使之能装进一个小巧精美的相框中。仔细观察这一幕或这张图片，再把它挂在你家里最漂亮的地方，再次仔细观察品味它……

接下来请继续试验，再截取一幕对你来说不太舒服的画面（如果评分 0～10 代表主观不适感，0 代表没有不适，10 代表非常不适，建议此处画面带来的不适感至少应该为 4）。

看到这一幕，还是请你用手上的遥控器对它做一点调整，使得画面不那么流畅清晰，也就不那么让你感到难受（如快进、降低对比度、使之模糊、静音）。请把让你不太舒服的那一幕再倒回到开始的地方，取出录像带，把它放进保险箱或其他不太妨碍你但你又能拿到的地方。如果是一个保险箱，就锁好箱门，使之不会弄丢，直到你想和我一起看它们时为止。检查一下你的锁具是否完好，好好考虑一下，你想把钥匙藏在哪里，或者密码记好了没有。

请你再看一下刚才截取的最美的画面，仔细观察一下这幅画，直到你能再次清晰地体验到这幅画所带来的积极情绪为止……请你把这种良好的情绪保留一会儿，然后再把注意力集中到这个房间里来……

遥控器技术可以自己单独练习，它能够帮助个体学习提取、标记并保留记忆中的美好画面，以备需要时快速从个体的记忆中提取出来，从而唤起自己的积极情绪和感觉；它能够帮助个体面对会引发自己不舒服感觉的压力源或负性情绪，让自己在这些不舒服的感觉中保持控制，并且能通过相应的心理技术缓解自己的不舒服感，从而获得和掌握调节自己负性情绪的方法；能够帮助个体掌握心理切换功能，即帮助自己从负性情绪快速切换到正性情绪，让自己快速从消极状态调整到积极状态中。

（三）叙事心理治疗技术

叙事，简单地说就是讲故事。所谓叙事心理治疗，是干预者通过倾听当事人自己讲述的故事，运用恰当的问话，帮助当事人找出遗漏片段，使问题外化，从而引导当事人重构积极故事，寻找自身资源，唤起当事人生命中曾经活动过的、积极的东西，以唤起当事人改变内在力量的过程。叙事心理治疗是利用叙事特有的建构意义与建构人格的功能，通过引导当事人叙述其个人生活故事，达到心理辅导和解决问题的目的。

叙事心理治疗认为，人类活动和经历的更多的是充满了"意义"的故事，当事人在选择和述说时，会维持故事的主要信息，符合故事的主题，但往往会遗漏一些片段，为了找出这些遗漏的片段，干预者会帮助当事人发展出双重故事。在叙事心理治疗中，干预者最常问的一句话是："你是怎么办到的？"随后，会将焦点放在当事人曾经的努力，或他内在的知识和力量上，引导他走出自己的困境。

叙事心理治疗是受到广泛关注的后现代心理治疗方式，它摆脱了传统上将人看作问题的治疗观念，透过"故事叙说""问题外化""由薄到厚"等方法，使人变得更自主、更有动力。透过叙事心理治疗，不仅可以让当事人的心理得以成长，同时还可以让干预者对自我的角色有重新的统整与反思。

1. 叙事心理治疗的特点

1）对传统问题定位视角的转变

与传统心理治疗模式相比，叙事心理治疗最根本的变革在于其对心理问题本质的理解。传统心理治疗认为问题是属于当事人的，干预者的任务是帮助当事人"去掉"问题。也就是说，各家各派都认为心理问题是"看不见的实在，是可以被操作、被转移到个体之外的"。但是叙事心理治疗认为不是个人"拥有"问题，问题不是存在于一个人静止的空间内，而是存在于一定的时间范围内。所谓的问题只是前后联系的生活经验的一种样式，是意识形态或者叙述造成的一种象征，是个人对主流话语的认同、建构的结果。主流话语会控制人们对生活经验的解释，但是人们不能自觉地意识到这种影响，因此人是生而被"植入"的。认清了主流话语与个人问题的关系，当事人就会认识到所谓的心理问题与其他各种生活样式属于同类别，心理问题不再属于特殊问题，心理问题就是生活本身。

2）治疗任务的转变

叙事心理治疗重视当事人生活故事的讲法，能帮助他们认清楚自己的叙事结构，领悟到当事人既是故事的主人公，也是故事的作者。故事可能有多种结局，是可以由自己来控制的，当事人可以更换一种讲法，让故事结局变化，让人生方向改变。

3）干预者角色的改变

叙事心理治疗认为传统的治疗模式大都是某种权威理论对个人故事的判断，是对个人精神世界的侵犯和暴虐，这是需要重新评估的。真正的对话必须建立在彼此尊重的基础上，干预者和当事人必须承认对方话语的真实性和合理性，愿意并且能够互相学习、共同探讨未知的、无限多样的生活可能性。任何人都不能成为生活的权威，干预者也不例外。干预者应充当建筑师的角色，鼓励当事人在故事中引入新的意义和理解。

2. 叙事心理治疗的程序

叙事心理治疗的程序都不是预先设定的，会谈时间没有严格的限制，可以根据治疗的需要灵活掌握，简单说来包括以下几个环节：

（1）倾听当事人生活故事的讲法。

（2）确定并命名当事人的问题。

（3）使故事和问题外在化（问题与个人分离）。

（4）考虑现实生活中的人际关系问题和利益权力问题。

（5）治疗关系中的相互影响。

（6）确定故事的逻辑结构，打破唯一的结局定势。

（7）选择当事人新的立场。

（8）参考相关资料，为治疗指明方向。

（9）重新讲述多种可能的故事。

（10）重写人物的性格和命运。

（11）将治疗中的领悟与生活实践相联系。

由此可以看出，叙事心理治疗的评估不是考察外显的行为，其关键是当事人把握自己的叙事角度。干预者的重要作用在于做一个良好的倾听者，让当事人真切地诉说自己的故事，重写自己的人生。

3. 叙事心理治疗的主要方法

叙事心理治疗涉及的方法和策略很多，这里列举主要的几种。

1）问题外化——将问题与人分开

叙事心理治疗的一个特点是"外化"，也就是将问题与人分开，把贴上标签的人还原，即问题是问题，人是人，人不等于问题。也就是说，当人出现了一些反应，无论是认知的、情绪的、行为的，还是生理的，都说明这个人可能遇到了一些问题，但并不代表这个人有问题。问题本身是问题，如经历创伤后出现的各种负性情绪，造成了较为明显的负性影响，可以认为，这些负性情绪本身是个问题。但更重要的问题是，是不是人和这些消极情绪之间的关系没有处理好，负性情绪的影响才会那么大、那么持久。例如，受到创伤之后，当个体出现焦虑、抑郁情绪时，我们如何看待这些情绪，以及我们如何应对它们，这是非常重要的。有的人就是因为应对方法不恰当，导致情绪问题对我们的负性影响持续存在，并不断扩大，使问题变得更加严重。有的人在面对同样的情绪问题时，能够快速寻找一些有效的方法去应对、调节，问题的影响力就会小很多。所以说，不要把人等同于问题，问题本身及人与问题的关系才是我们要处理的，这是叙事非常鲜明的一个观点，即把人和问题分开。如果问题被看成是和人一体的，要想改变就相当困难，改变者与被改变者都会感到相当棘手。问题外化之后，问题和人"分家"，人的内在本质会被重新看见和认可，进而使自身有能力和能量去解决自己的问题。

2）故事叙说——重新编排和诠释故事

叙述心理治疗主要是让当事人先讲出自己的生命故事，以此为主轴，再透过干预者的重写，丰富故事内容，让当事人更加清晰地认识自己。对一般人来说，说故事是为了向别人传达一件自身经历或听来的、阅读来的事情。不过，心理学认为，说故事可以改变自己。因为，我们可以在重新叙述自己的故事，甚至只是重新叙述一个不是自己的故事时，发现新的角度，产生新的态度，从而产生新的重建力量。简单地说，好的故事可以产生洞察力，或者使得那些本来只是模模糊糊的感觉和生命力得以彰显，从而被我们强烈地意识到。面对日常生活的困扰、平庸或烦闷，把自己的人生、经历从不同的角度来"重新编排"，成为一个积极的、自己的故事，这样或许可以改变绝望和抑郁的心境。

哲学家萨特说过：人类一直是一个说故事者，人类总是活在自身与他人的故事中。人类也总是透过这些故事来看一切事物，并且以好像在不断地重新叙述这些故事的方式生活下去。可以说，故事创造了一种世界观、一种人生价值。

好的故事不仅可以治疗心理疾病和精神扭曲，而且可以从中寻找自信和认同，透过令人愉悦、感动的隐喻故事，我们可以重新找到面对烦恼现实的方法，正视过去，并且找到一个继续努力、正向发展未来的深层动机和强大动力。

叙事心理治疗的故事所引发的不是封闭的结论，而是开放的感想。有时在故事中还需要加入"重要他人"的角色，从中寻找新的意义与方向，让当事人能够清楚地看到自己的生命过程。

例如，有一个寻求帮助的当事人，他觉得自己因为得不到别人的重视而感到受挫、沮丧、自卑，当他讲述自己的生命故事时，觉得自己一无是处，但干预者要求他回忆过去生命中哪个人对他"还不错"，原本脑中空白的当事人，勉强回忆起一个小学老师的名字。干预者鼓励他打电话给老师，结果却得到一个"意外的惊喜"。这名教师虽然已经忘了他的姓名和长相，但还是向他连连道谢，并且表示，当事人的电话让他感受到自己存在的意义，对教学工作已经深感疲惫的他，又重新获得了动力。通电话的结果是：当事人不仅帮助了老师，也意识到自己的生命原来也这么重要。

3）由薄到厚——形成积极有力的自我观念

一般来说，人的经验有上有下。上层的经验大多是成功的经验，形成正向积极的自我认同；下层的经验大多是挫折的经验，形成负性消极的自我认同。一个人如果累积了较多的积极自我认同，凡事较有自信，所思所为就会上轨道，不需要别人多操心。相反，如果一个人消极的自我认同远多于积极的自我认同，就会失去支撑其向上的力量而沉沦下去。

叙事心理治疗的辅导方法是在消极的自我认同中寻找隐藏在其中的积极的自我认同。

叙事心理治疗的策略，有点像中国古老的太极图，在黑色的区域里隐藏着一个白点，这个白点不仔细看还看不到，其实白点和黑面是共生的。如果在人的内心，当白点被扩大到一个面的程度，整个情形就会由量变到质变。找到白点之后，如何让白点扩大呢？叙事心理治疗采用的是"由单薄到丰厚"的策略。

叙事心理治疗认为，当事人积极的资源有时会被自己压缩成薄片，甚至视而不见。如果将薄片还原，在意识层面加深自己的觉察，这样由薄而厚，就能形成积极有力的自我观念。

在干预者和当事人处于"叙事心理治疗"时，他们所面对的不是一种可以置身事外的"工具"或"技术"，而是当事人的生命故事，反映的是当事人的生命态度、生命要求和生命抉择。在这里，对待生命的积极态度很重要。因为同样的事实不同的解读，就会释放出不同方向的力量。我们每个人都有历史的痕迹，有许多故事，故事中积极的资源被发现，向上的动力就会源源不断。例如，单亲家庭如果认为是"成长的缺陷"，那么只是看到负性的一面，是向下沉沦的；但是如果看成是逆境的磨炼，那么就会成为成长的动力。生命经验的转化，就在于对生命故事的咀嚼，"如果妈妈还活着，她希望你怎么做？""你从这件事情中获得了什么样的成长？""这件事教给你什么？"正是这些思考，使当事人发现了生命的意义。

4．叙事心理治疗的阶段

1）开始阶段

当事人内心带着参与治疗的不安、对治疗是否有效的猜疑、对自我暴露的恐惧进入咨询室，干预者的主要任务是营造和谐的气氛，减少治疗的阻力，说明会谈的目的和达到目的的方式，以及将当事人带入故事叙述的角色中。为了与当事人建立良好的关系，干预者首先应将当事人看成一个独立的个体而非患者，尝试询问一些可能与当事人有关的事情，例如某一物品、房间里摆放的鲜花等，寻找当事人感兴趣的话题，干预者本人应尽力减少个人的自我暴露。在当事人进行自我叙述的时候，干预者要运用好倾听技巧，避免在开始阶段就提出一连串问题，要给当事人一定的时间适应角色。对于沉默的当事人，干预者应给予适当的鼓励和引导。

2）中间阶段

在该阶段，干预者的主要任务是恰当提问，推动治疗的发展。干预者应根据当事人的实际情况，提出开放性或者封闭性的问题。开放性的问题可以引导当事人就个体作出更为开阔、个人化的陈述，如"你的朋友是什么样子的？"或"说说你大学时最值得纪念的事情吧"等。封闭性的问题可以帮助当事人澄清事实，让叙事者体验到他正在建构自己的故事，而且是故事的主要贡献者而非局外人，同时干预者的提问代表一种信号，表明倾听者已经卷入当事人的故事中，并试图构建故事的前景。叙述故事是当事人和干预者创造性交互作用的过程。在当事人叙事的过程中，干预者可以加入干扰性最小的推动性反馈，这种反馈包括非言语行为，如点头或微笑等；也可以采用丰富的语言，如"很精彩，你能多说一些吗？"

3）结束阶段

在咨询快要结束的时候，干预者给予当事人巧妙的时间提醒，如"我们还剩下 10 分钟，你能告诉我你最想在花园里种什么植物吗？"从而给当事人提供补充被自己忽视的重要信息的机会。最后，干预者就整个咨询作出简要总结，结束会谈。

在叙事心理治疗结束阶段，干预者应该注意以下几点：

（1）干预者应根据自己对会谈的感受，对治疗作出简要、积极的总结，如"我很感谢你跟我分享生命中这些愉快的经历"。

（2）干预者可以自然地提及一些具体的故事或细节，丰富、完善其最后的总结，如"你和你的战友在新兵期间的经历真是令人兴奋"。

（3）总结一定要有真情实感，表现出干预者对当事人的尊重和感激，以及干预者和当事人之间和谐的关系。

叙事心理治疗与其他心理治疗最大的不同是，叙事心理治疗相信当事人才是自己的专家，干预者只是陪伴的角色，当事人应该对自己充满自信，相信自己的能力，并且更清楚自己解决困难的方法，从故事中挖掘自身解决问题的资源。

拥有充裕的内在资源，会让我们更有能力应对复杂的世界，能够理解、运用、驾驭自己和他人的情绪，拥有更完整的自我意识，在遇到矛盾时也能更为积极地修复，从而引领我们走向自我实现。一个自我实现的人，会时常体验到内心世界的充盈与满足，并与外部的环境相处融洽。

五、心理创伤修复技术

在精神病学上，心理创伤被定义为"超出一般常人经验的事件"，这种事件对人的心理会造成巨大的冲击，通常会让人感到无能为力或无助。创伤的发生都是突然的、无法抵抗的。自杀现场的目击者通常会有比较严重的心理创伤，会出现创伤后应激障碍（简称 PTSD），导致个体延迟出现和持续存在的心理障碍。PTSD 的主要症状包括噩梦、性格大变、情感解离、麻木感（情感上的禁欲或疏离感）、失眠、逃避、事物引发创伤回忆、易怒、过度警觉、失忆和易受惊吓等。

患有 PTSD 的人存在高自杀危险性，这是因为 PTSD 患者常常伴有不同程度的焦虑、抑郁情绪。此外，由于 PTSD 患者警觉水平提高，从而对自身躯体健康状况的关注加强，常伴发严重的睡眠障碍，同时长期的精神紧张和失眠也会加重机体的生理负荷，增加了诸如高血压、冠心病、消化性溃疡、肿瘤和其他身心疾病的发病风险。这些躯体因素和心理因素相互作用的结果，往往会进一步降低 PTSD 患者对心理创伤和社会生活压力的应对能力，加深他们的主观绝望感，从而增加了他们的自杀风险。因此，需要通过一定的技术对心理创伤进行修复。

（一）眼动脱敏再加工技术

眼动脱敏再加工技术是一种整合的心理治疗技术，它的英文缩写是 EMDR，E 代表眼睛，M 代表眼运动，D 代表说明，R 代表再加工，整体意思是眼动的脱敏和再加工的方法。该疗法是美国巴罗亚图精神研究所高级研究员弗朗辛·夏皮罗博士创建的，它借鉴了控制论、精神分析、行为、认知、生理学等多种学派的精华，构建了加速信息处理的模式，帮助患者迅速降低焦虑，并诱导积极情感，唤起患者对内在的洞察，转变观念和行为，促使当事人达到理想的行为和人际关系改变。

大量研究显示对 PTSD 患者进行 EMDR 治疗比药物治疗的效果要好。当一个人经历一场创伤时，当时的场景、声音、思想、感觉会被"锁定"在一组神经网络里，这组神经网络是一组未经处理、出现机能障碍的信息包，只要有少量信息触及原始创伤，都能令它重新活跃起来。EMDR 治疗是激活被"锁定"的神经网络的技术，它是在某种特定状态下，患者随干预者手指移动的不同方向和速度，移动眼球数十次。EMDR 治疗可以有效解开神经系统的"锁定"状态，并对创伤的经验在大脑中进行再加工；可以帮助患者释放被"锁定"在大脑和身体中的创伤信息，帮助患者摆脱困扰的画面、情绪和身体的感觉，以及被局限的认知，从困扰的生活事件中获得疗愈，减轻症状和负性情绪的干扰。

EMDR 治疗技术可以在短短数次治疗之后，在不用药物的情形下，有效减轻心理创伤程度并重建患者的希望和信心。可以被减轻的心理创伤症状包括"长期累积的创伤痛苦记忆""因创伤引起的高度焦虑和负性情绪""因创伤引起的生理不适反应"等。在眼动脱敏的疗程中，通常要求患者在脑中回想自己遭遇的创伤画面、影像和痛苦记忆，以及不适的身心反应（包括负性情绪），同时根据干预者的指示，目光随着干预者的手指来回平行移动 15～20 秒，完成之后，请其说明当下脑中的影像及身心感觉。重复同样的程序，直到痛苦的回忆及不适的生理反应（如心动过速、肌肉紧绷、呼吸急促）被成功地"敏感递减"为止。若要建立正性、健康的认知结构，则需要在程序之中由干预者引导，将正性的想法和愉快的影像画面植入患者心中。

1. 眼动脱敏再加工技术的适应证

EMDR 治疗主要是帮助 PTSD 患者进行干预和治疗。这一心理治疗的对象主要是那些创伤性事件的受害者，如各类自杀事件的预前干预和预后干预，受社会事件、重大灾难及公共危机事件等，如受交通事故、亲人死亡、暴力攻击、性攻击、自然灾难、人为灾难、生产事故、冲突或战争创伤等影响的受害者。

这些创伤性事件通常都会使人（当事者和目击者）产生诸如恐怖症、惊恐发作、梦魇、失眠、注意力不集中、警觉性增高、创伤性闪回、回避、物质乱用、尿床、对抗行为、睡眠障碍等症状。

2．眼动脱敏再加工技术的治疗机制

人类具备一种内在的适应性信息处理系统，这个信息处理系统是作为人类思维和情绪自我调节功能的一部分而存在的。研究认为，当一个人感觉非常心烦和痛苦的时候，他的大脑是不能像正常时那样处理信息的。一部分人在经历过创伤性事件后，那些能激发强烈情绪反应的创伤性事件和经历创伤时反复出现的情景使当事人内在的适应性信息处理系统的功能发生"凝结"和"阻滞"。随后，那些创伤性体验和外界的象征或迹象不断地触发与当事人曾经首次经历创伤时一样强烈的视觉、听觉、味觉、思维、身体感觉（生理）或情绪上的重复再体验，从而导致 PTSD 症状的出现。诸如此类没有被当事人处理的创伤性记忆，可能对当事人在如何看待世界和对他人关系的问题上产生一种非常深刻的负性影响。在这些未能被处理的创伤性经验影响下，当事人的行为往往会变得非常不灵活和局限，以便避免痛苦地再体验现象的反复发生，这就是 PTSD 症状的精神病理学基础。

EMDR 可以对创伤性事件的当事人的大脑处理痛苦材料信息的过程产生直接的作用。在治疗者的引导下，当事人专注于眼球运动、耳听音调或手打拍子，这样可以触发一种被称为"探究反应"的内在神经生理机制。正是这种内在神经生理机制使当事人的适应性信息处理过程的功能恢复正常，从而减轻当事人的 PTSD 症状。这种"适应性信息处理过程"原本就是当事人自己的内在能力，并不能通过治疗者的解释或思想使当事人的思维和情绪自我调节的适应性发生变化。EMDR 的真正作用是帮助当事人恢复内在的调节和发生适应性变化的能力。

3．眼动脱敏再加工技术的治疗步骤

EMDR 把人看作一个整体，在整个治疗过程中，EMDR 都始终关注正在发生的情感和生理上的变化。

1）采集信息制订计划

与当事人建立真诚和互相信任的治疗关系，了解当事人的个人信息和心理

资料，以及创伤性事件带给当事人的痛苦和影响，根据当事人自身的稳定性和当前的生活压力，评估当事人对 EMDR 的适应性有多大，向当事人介绍 EMDR 治疗的性质和过程，并在访谈过程中使当事人理解创伤事件及创伤的意义，制订合理的治疗目标和治疗计划。

讲解眼动治疗的治疗语，要和当事人说明眼动治疗是做什么的，告诉当事人：当一种创伤发生的时候，可以看作这种创伤与当时的场景、声音和感觉等一起被"锁定"在神经系统中了。在眼动治疗中，我们所做的工作可以看作是解开神经系统的"锁定"状态，使大脑对创伤经过再加工的过程，眼动可能正在帮助当事人处理一些无意识的内容，从而治愈创伤。

2）准备阶段

向当事人解释 EMDR 的过程，并示范眼动过程。眼动治疗需要面对面，一般，干预者坐在当事人对面，不要成角度。干预者把手伸出来，让当事人感觉一下你们的距离是否合适，先和他确定最佳的距离。要求当事人双目平视，干预者用并拢的食指和中指在当事人视线内做有规律地左右、上下、斜上斜下或画圈动作，运动间距约 60 厘米，频率约每秒 1 次，要求当事人始终注视着干预者的手指，眼球跟随手指转动。可对干预者与当事人的距离、手指晃动间距及频率进行相应的调整，以当事人感到舒适为好。如果当事人对眼动很反感，做起来头晕恶心，那么这种患者不适合做眼动治疗，要立刻停止。

3）评估

在这一步，当事人要选择他想处理的一个特定记忆，并且选定与事件有关的、最使当事人感觉痛苦的视觉图像，一定要找到具体的场景，干预者与当事人一起讨论和评估主观不适感觉的水平和认知准确性的程度。前者是指由那些与事件有关的闯入性的表象、印象、思绪、情绪、观念想法、声音、感觉、闪回、对周围事物的麻木、反应迟钝等引起的当事人心理痛苦的程度，分为 0～11 级。后者是指事件的发生使当事人产生了哪些负性的信念和价值，或使当事人过去的哪些信念、价值发生了负性改变和改变程度，分为 1～7 级。

4）眼动脱敏

（1）让当事人想象一个正性的生活经历。即让当事人想出来在他的人生经历中，哪个生活事件使他感到最成功，演出、得到大奖或他的画被展出等，或者做了一件好事得到领导的表扬。只要是正性的生活经历，正常人能做到的事情，对于当事人来说特别难以回忆。当事人往往要用十几分钟的时间才能告诉干预者他想到的场景，他把正性的场景都丢掉了。让他闭着眼睛想想这个场景，想到以后让他睁开眼睛。

（2）睁开眼睛想第二个场景——最痛苦的场景。这个场景主要针对诱发当事人创伤性痛苦的被"锁定"的信息状态，包括映像、幻觉、情景、思维信念、情绪、躯体的一些生理活动等，一般是诱发闯入性或再体验的负性信息。引导当事人想象那个场景或唤起那种情绪，直到他用手势告诉你，痛苦的场景已经在他的大脑中出现时为止。

（3）开始眼动。眼动可以在干预者的手指带动下，当事人视线随之做眼球运动（10～20次），头部固定不变。此后完全放松，让当事人闭目休息，排除头脑中的各种杂念。休息2～3分钟后提示当事人体验和评价躯体有何不适感，如头胀、胸闷、肩痛等，并按上述过程重新对痛苦程度进行评估。如果分值较高或痛苦感觉较严重（包括躯体和情绪方面），则带着目前的状态重复做上述眼球运动。每次眼动后，要询问当事人不舒服的场景是不是消失了，这种负性状态会在眼动过程中逐渐淡化或消失。做几次眼球运动需要根据痛苦缓解的程度来定。如果痛苦程度降到1～2级，则可进行积极认知及情绪导入，在干预者的引导下，使当事人进入积极认知及情绪状态。然后，重新进行眼球运动，体验与评价过程同上。

5）经验意义和认知的重建

与当事人就主要痛苦体验和诱发痛苦体验的"锁定"信息等问题一起进行讨论和协商，以便促使当事人对事件、创伤、创伤性反应的表现和意义，以及创伤带来的负性信念和价值、适应性应对方式进行领悟，促使当事人对消极信念进行重新建构。用指导语对当事人植入正向自我陈述和美好愿景，取代负性、悲观的想法以扩展疗效。伴随双侧刺激，当事人会感觉到负性认知和情感变得越来越不清晰可信；与此相对的、积极的想法和情感变得越来越清晰可信。

6）躯体感觉检查

干预者要求当事人在想象视觉印象和正性认知的同时，让当事人闭上眼睛，指导当事人用被整合的积极认知从头到脚地扫描一遍全身并体会其感受，注意是否还有其他身体紧张或不适的感觉。因为情绪的痛苦往往会以躯体不适的形式表现，所以只有当创伤性记忆出现在当事人意识中，且当事人并不出现情绪和躯体上的紧张时，治疗才被认为完成。如果当事人报告有身体不适时，可以针对这些不适继续进行眼动脱敏，直到不适感减轻或消失为止。

7）治疗结束和疗效的再体验

告诉当事人治疗将要结束，解答当事人的疑问。干预者和当事人一起就双方在整个治疗过程的内容、体验、收获和遗留的问题进行协商和讨论，重点在于强化当事人在本次治疗中所获得的效果和受到的影响。除此之外，提醒当事人可能面对的干扰性画面、图像、想法和情绪等，需要进一步处理负性情绪。干预者指导当事人记录消极的想法、情境、梦或其他记忆，并进行放松训练，以保持自身的稳定性。

8）重新评估

在每次治疗时，评估当事人取得的效果是否保持，是否有信息未被处理完全或是否有新的负性画面出现。最后在其社会支持系统中评估当事人的变化，并讨论可能遇到的问题，然后共同制订下一步的治疗目标和计划，并结束本次治疗。

最后值得注意的问题是，不要让当事人自己做眼动，眼动必须在治疗室里才有效果。眼动要由慢到快，看到他眼动了，速度就要逐渐加快，然后回到中间停住。头不动眼球动，通过眼动活化场景，手指一直保持上下垂直不要弯曲，让他的眼球跟着手指动，如果他不舒服，可以改成水平或第二次垂直。

（二）图片-负性情绪打包技术

对于那些因经历创伤性事件而有明显心理痛苦，表现出明显急性应激反应（如强迫性的闪回、反复体验创伤情境、睡眠和饮食受到严重影响等）的当事人，可以采用图片-负性情绪打包技术来处理症状。研究结果表明，该技术能够有针对性地处理急性期时容易诱发未来发生的 PTSD 核心症状——闪回、创伤体验等，最大限度地降低未来当事人 PTSD 的发生率。具体操作流程如下：

（1）图片-负性情绪连接。各种创伤场景往往以图片的形式出现在当事人的大脑中，这些图片会引起很多情绪反应，如恐惧、紧张、悲伤、内疚等。让当事人想象，在负性情绪处理时表达的各种创伤场景以图片的方式进行描述，然后准确体验每幅图片背后的情绪，将图片和情绪一一对应连接。

（2）功能分析、图片分离。对大脑中的图片进行功能分析，有些是纯负性的刺激，如分离的残肢、变形的躯体等，保留无益；有些图片是正性的，可以作为成长资源利用，建议保留；此外，同一幅图片可能既有负性的部分又有正性的部分，此时要进行细致地功能分析，谨慎地切割分离。在功能分析时，不仅要从专业角度来分析其功能是正性的还是负性的，而且更应询问当事人处理某个画面的意愿。

（3）图片-负性情绪打包。通过功能分析，干预者和当事人找到统一目标，即反复闯入的刺激性负性图片，并且这些图片是当事人想处理的。接下来，要求当事人把注意力集中在大脑中出现频率最高、最能引起强烈痛苦体验的刺激画面上，让当事人表达或体验与之关联的负性情绪，从而完成负性情绪与图片的黏合和打包过程。

（4）快速眼动技术。利用快速眼动技术，修通大脑神经通路，阻断创伤记忆与痛苦情感之间的联系。

（5）温暖画面与正性理念的植入。利用自身资源，让当事人找到一个替代性的温暖画面，该画面可以带给他力量。然后，干预者对其进行正性理念的引导、植入，使其对创伤体验的认识更加积极。之后，干预者对当事人进行评估，如询问其感受、观察面部表情变化等指标，以达到预期效果，结束此次干预。

（6）注意事项。干预过程中，根据当事人需要，干预者要随时进行放松与评估。此外，若将整个干预过程进行细化记录和档案保存，可提高干预者的实践水平、经验积累，也有利于提高心理危机干预工作的科学性。

（三）危机紧急事件应激集体会谈技术

危机紧急事件会使人体验异常强烈的情绪反应，可潜在影响人的正常心理功能，带来各种心身问题或创伤，需要及时干预。危机紧急事件应激集体会谈

（Critical Incident Stress Debriefing，CISD），是一种系统的、通过集体交谈来减轻危机紧急事件心理创伤的心理干预方法，是一种简易的支持性团体治疗。它主要对遭受危机事件影响的群体进行干预工作，围绕危机事件，通过结构化的问题，在团体小组内引导大家公开讨论内心感受，获得支持和安慰，并同时帮助他们建立有效的社会支持系统，从而消除心理上的创伤体验；同时，也可以筛查出高危人群，进行针对性的心理干预工作，该技术适用于自杀现场目击者及自杀后事处理者。

1. 危机紧急事件应激集体会谈技术的干预目标

危机紧急事件应激集体会谈技术的干预目标是：帮助团体成员公开讨论内心感受；互相支持和安慰；寻找内在资源；帮助当事人在心理（认知和感情）上消化创伤体验。

2. 危机紧急事件应激集体会谈技术的干预时限和人数

正规 CISD 通常由心理专业人员指导，在危机事件发生后的 24 小时内不宜进行集体会谈，经历创伤事件后的 24～48 小时是理想的干预时间，6 周后效果甚微。每次集体会谈，持续时间为 2.5～3 小时。指导者必须对小组治疗有广泛了解，必须对急性应激障碍有广泛了解。危机紧急事件中涉及的所有人员都必须参加 CISD。CISD 的访谈团体规模以 7～8 人为宜。

3. 危机紧急事件应激集体会谈技术的实施过程

CISD 是一种结构式的正式会谈，必须经过严格、规范的操作过程才能保证疗效，包括六个阶段。

1）介绍期

目的：建立基本规则，特别强调保密性。

方法：全组成员围圈而坐，干预者先做一个坦诚、开放的自我介绍，并介绍自己的工作团队，表明自己的专业身份，解释此次组织大家会谈的目的。例如，"您好，我是……这是我的同事……我们今天来的目的是希望能够帮助大家舒缓情绪,尽快恢复正常的工作和生活,同时预防今后可能会出现的心理问题。我们希望大家在一起讨论每个人的感受，互相支持和安慰，一起走过这段艰难的日子。"通过介绍,让被干预者了解和信任干预者,减少 CISD 过程中的阻抗,取得合作。之后,干预者可以采用游戏的方式,让团队成员做自我介绍,帮助大家互相了解,并活跃团队气氛。最后,干预者向被干预者介绍 CISD 的目的和规则,以及会谈的程序、方法和保密问题。

例如,"为了更好地保护大家,帮助我们的团体良好运行,我们需要遵守一些规则。我现在具体讲一下。"

"第一,也是最重要的规则,是保密,我们每个人要对团队成员分享的个人感受保密,在小组中所讲的内容仅限于小组之内,不能讲给小组之外的任何人听。

"第二,不可以做笔记、录音或录像。

"第三,在进行过程中不必强迫自己发言,谈不谈、谈多少完全自愿,不想谈的时候可以不谈。

"第四,当有人发言的时候,其他人要认真倾听,不要攻击其他人……大家觉得有什么需要补充的吗?"

以上步骤的主要目的是让当事人迅速建立对干预者的信任及对会谈环境的安全感,并向当事人传递本次会谈的目的,进而在心理上消化危机事件造成的创伤性体验,然后开始正式的会谈。

2)事实期

目的:经历创伤事件的个体叙述事件的事实。

方法:请当事人从自身观察角度出发,轮流说出危机事件发生过程中自己及事件本身的一些实际情况;询问当事人在这件危机事件过程中的所在、所闻、所见、所嗅和所为,以便让当事人了解完整的事件真相。此阶段,干预者以倾听为主,不予过多的回应。注意,不要强迫叙述灾难细节,也不主张主动要求谈及细节。有些问题需要每个人都询问,如"你是谁?""你在事件中的角色或任务是什么?""发生了什么?""你看到了什么?听到了什么?嗅到了什么?""你当时做了什么?"还有些补充问题,如"谁第一个到达?""发生了什么?""谁随后到达?""发生了什么?"通过这些询问,可以让大家明白事情的真相。

3）感受期

目的：确定和证实经历过的急性应激反应。

方法：引导被干预者说出他们在事件中的感受，要尽量少用专业术语，而是用一些日常语言。例如，"事件发生时你有何感受？""你目前有何感受？""以前你有过类似感受吗？""对你来说，事件中最不幸的是什么？""这件事中让你觉得最痛苦或难以承受的是什么？""如果可能，你最想忘掉的是什么？"这一阶段，干预者要善于观察当事人的语言和非语言行为，不要急于深触其不良感受，要给出他们思考、打开心结的时间。注意，不要形成小团体，一次只允许一个人讲话，其他人要认真倾听，不要让少数人统治会场，尽量让每个人都发言。例如，"事件发生以后，我们每个人在这件事情中都受到不同的冲击，每个人所看到的、感受到的都有不同，所受到的影响也不一样。下面请大家回忆一下当时的情况，分别把自己当时及事后，在躯体、心理上的感受说一下，希望大家尽量表达，但如果觉得自己还没有准备好，也可以不说。"如果有人沉默，可给其纸笔，让其画或写出来。

4）症状描述期

目的：识别急性应激障碍的症状。

方法：请被干预者从心理、生理、认知、行为各方面，依照时间顺序回顾性地描述和确定自己在事件中的痛苦症状，如失眠、食欲不振、脑子不停地闪出事件的影子、做噩梦、注意力不集中、记忆力下降、决策和解决问题的能力减退、易发脾气、易受惊吓等。询问事件过程中：当事人有何不寻常的体验，目前有何不寻常的体验？这些体验对自己的生活造成的影响有哪些？这样做的目的是继续让组员将自己的变化与所遭受的创伤事件进行联系，进而修复自身认知、情感和行为之间的关系，修复内在心理结构和外界环境之间的联系，使之渐渐适应社会，开始新的生活。可以询问："在事件发生时，你在认知、躯体、情绪和行为上分别有哪些症状？""你在事发后几天存在什么症状？""你现在还存在任何症状吗？"注意，不要将个体的反应病理化，避免使用"障碍"等诊断性名词，可以使用"应激反应"来表示。在会谈过程中，如果发现有人的心理创伤或心理障碍非常严重，难以通过小组会谈来缓解症状，需要尽早转移到有资质的精神卫生专业机构进行面诊或住院治疗。

5）辅导期

目的：有效的应激处置教育。

方法：告诉当事人应激事件后，人会感觉坐立不安、易激惹、过度疲乏、睡眠紊乱、焦虑、惊跳反应、抑郁、喜怒无常等，这些都属于正常的应激反应症状，都是可以理解的。但由于每个人的适应能力不同，就需要帮助当事人区分哪些反应是合理的，哪些反应是过度的。突发事件后一个月内出现的对事件的敏感反应、被动的回忆、情绪变得烦躁或者抑郁、与人疏远等，这属于突发事件后的合理反应；但如果一个月后这些反应依然没有减弱，则是过度反应了。积极的应对方式主要包括：对处境进行评估，制订行动计划；使用先前紧急状态下使用过的解决问题的策略；接纳痛苦，以合适的方式来减轻应激带来的紧张感，如幽默、运动、进食习惯、掌握时间、放松技巧；保持与家庭、朋友的接触，减少孤独。消极的应对方式主要包括：使用否认、退缩和回避手段，对解决问题造成负性影响；过度想象和幻想；冲动行为；找替罪羊，向弱小者发泄沮丧情绪；过分依赖、依靠，不再关注他人的感受；压抑情感；无端采取过度仪式化行为；药物或其他物质成瘾，如酒精、加量服用安眠药和其他镇静剂；自伤、自杀等。

在此阶段，可以利用团体的力量，植入积极、正性的信息和温暖的画面，取代那些引发大家不良反应的场景，发挥团体资源的优势，相互支持。

6）恢复期

目的：准备恢复正常的社会活动。

方法：这一阶段，干预者需要对整个会谈过程做总结和澄清，回答大家提出的问题，并举行一个集体的告别仪式；提供保证；讨论行动计划；重申共同反应；强调小组成员的相互支持；提出可利用的资源；对整个干预过程做总结。干预团队的成员要一起交流或者进行督导，缓解由此次干预工作给自己带来的心理压力。

整个过程需 2~3 小时（一个单元时间），严重事件后数周内进行随访。

4. 危机紧急事件应激集体会谈技术的注意事项

（1）明确 CISD 的目标。

（2）规范 CISD 从业人员。CISD 最好由精神、心理专业人员主持，干预者应具备应激反应的识别和处理能力，同时还要对人群有基本的了解。

（3）选择适当的时机。危机干预的时机可选择在危机事件发生后的 24～48 小时之内，也可根据条件在数周内进行，一般不超过 6 周。

（4）整合会谈方式。在会谈过程中，干预者既要参与其中，平等互动，更要从第三方的角度去观察每位发言者的情绪、感受、需求和动机，适当给予支持、鼓励和引导，并注意充分利用小组内部的积极效能因子推动会谈的进行。

CISD 提供了一个安全的环境让当事人用言语来描述痛苦，并有小组的支持，对于减轻各类事件引起的心理创伤、保持内部环境稳定、促进个体身心恢复和健康有重要意义。

（四）空椅子技术

空椅子技术是格式塔流派常用的一种技术，是使当事人的内射外显的方式之一。目的是帮助当事人全面觉察发生在自己周围的事情，分析体验自己和他人的情感，帮助他们纾解情绪，处理未完成的事件，完成和死者的告别，走出心理伤痛，是哀伤辅导技术的一种。这种技术常常运用两张椅子，要求当事人坐在其中的一张上，然后再换坐到另一张椅子上，扮演已经离去之人，以此让当事人与所扮演的一方持续进行对话。

1. 空椅子技术的操作方式

空椅子技术分为倾诉宣泄式、自我对话式、"他人"对话式三种形式。

1）倾诉宣泄式

这种形式一般只需要一张椅子，把这张椅子放在当事人的面前，假定自杀离去的人坐在这张椅子上。当事人因他的离去而悲伤、痛苦，却无法找到合适的途径进行宣泄排解，把自己要对他说却没来得及说的话说出来，表达当事人对空椅子所代表人物的情感，从而使其强烈的情感得以舒缓，帮助当事人完成与逝者没有来得及的告别，宣泄当事人的思念与哀伤，处理其内心的自责与歉疚，获得解脱，使内心趋于平和。

此技术经常被运用在哀伤辅导中，这种形式主要应用于以下三个方面：

（1）恋人、亲人或者朋友由于某种原因离开自己或者去世，当事人因为他们的离去感到特别悲伤、痛苦，甚至悲痛欲绝，却无法找到合适的途径进行排遣。

（2）空椅子所代表的人曾经伤害、误解或者责怪过当事人，当事人由于各方面的原因不能直接将负性情绪发泄出来，形成郁结于心的情感，此时可以通过对空椅子的指责，甚至漫骂，使当事人获得内心的平衡。

（3）空椅子代表的人是当事人非常亲密或者值得当事人信赖的人，当事人由于种种原因无法或者不便直接向其倾诉。

2）自我对话式

这种形式就是对自我存在冲突的两个部分展开对话，假如当事人内心有很大的冲突，又不知道如何解决，可以在当事人面前放两张空椅子，当事人坐在一张椅子上，扮演自己的某一部分，坐在另外一张椅子上，扮演自己的另一部分，依次进行对话，从而达到内心的整合。这种形式主要应用于以下两个方面：

（1）由于种种原因，当事人认为自己本应该做的事情却没有做，引起了不好的或者严重的后果，产生了强烈的内疚感、负罪感和自责心理。此时，利用空椅子技术，让当事人自己与自己展开对话，从而降低内疚感。

（2）面对各种各样的选择，很难下定决心或者处于人生选择的十字路口不知道何去何从时，当事人会因此迷茫、困惑或逃避现实。此时，运用空椅子技术让当事人自己与自己展开对话，澄清自己的价值观，分析各种选择的利弊，找到解决问题的途径。

3）"他人"对话式

这种形式用于自己与自杀离去的人之间的对话，操作时可在当事人面前放两张椅子，当事人坐到一张椅子上时，扮演自己；坐在另一张椅子上时，扮演自杀离去的人，两者展开对话，来访者以自我为中心，不能或者无法去体谅、理解或者宽容自杀离去的人，因此对死者产生怨恨。此时，运用空椅子技术让自己和死者之间展开对话，让当事人设身处地地站在死者的角度思考问题，从而理解、领悟死者的苦衷。

2. 运用空椅子技术需要注意的问题

（1）运用空椅子技术之前，需要深入会谈，了解当事人的问题，确定是否适合及应用何种形式，效果才会更好。

（2）运用空椅子技术前，一定要营造出一种安全信任的氛围。空椅子是不会说话、不会移动、无情无感的，因此，让当事人对它讲话，当事人可能觉得很滑稽，甚至觉得很无聊。此时，如果没有营造出一种气氛，直接让当事人对空椅子讲话，肯定无法投入，甚至会不知所措。所以，在运用空椅子技术之前，一定要充分掌握空椅子所代表的个体的详细情况，引导当事人全身心地投入对话情境。然后，告诉当事人，那个人就坐在这张椅子上，并且详细地描述他的表情、动作、声音，等等。也就是说，要让当事人感到那个人是真真实实地坐在他面前的，这样当事人才会有话可说。如果当事人情绪过于激动，干预者应立即叫停，安抚当事人的情绪，等当事人平静下来，能够理性思考了再继续进行。

（3）干预者要引导当事人全身心地投入对话情境。干预者要引导当事人投入对话情境，提醒他要设身处地站在另外一个角度或者死者的角度去思考问题。而当事人扮演"他人"的角色时，往往会用第三人称的口吻讲话，此时干预者要求当事人要用第一人称说话，并且要尽量去模仿"他人"的声音和动作。只有这样，当事人的体验才能够深入，获得的领悟也就比较深刻。

（4）在干预过程中，干预者关注每个情绪点及非语言反应，关键时刻或关键反应可以暂停细访，亦可以用加强的方式去体验、觉察。

（5）干预者引导当事人的表达应从认知、感受、行为三个层面展开，对话之后当事人的真实感受很重要，而不应停留在表面的反驳、打嘴仗上。

（五）哀伤辅导技术

广义的哀伤是指因为任何丧失而引发的哀伤情绪体验，狭义的哀伤是指人在失去所爱或亲近的人时所面临的境况，这种境况既是一种状态，也是一个过程。

哀伤辅导是协助人们在合理的时间内，引发正常的哀伤情绪，并健康地完成悲伤辅导任务，改善情绪困扰，以增进重新开始正常生活的能力的技术。

1. 哀伤的一般反应

哀伤是人们面对重大丧失所产生的一种正常而自然的情绪反应，正常的哀伤反应包括以下几个方面：

（1）生理方面。胃部空虚、胸部有压迫感、喉咙紧、对声音敏感、呼吸急促、有窒息感、肌肉无力、口干。

（2）认知方面。困惑、沉迷于思念、感觉死者仍然存在。

（3）感觉方面。悲哀、愤怒、罪恶与自责、焦虑、孤独、疲惫、无助、震惊、麻木。

（4）行为方面。失眠、食欲障碍、心不在焉、社会功能退缩、梦到逝去的人、避免提起逝去的人、叹气、坐立不安、哭泣、旧地重游、随身携带或珍藏逝者的遗物。

与正常的哀伤反应相比，病态的哀伤反应更加激烈，当事人自己无法摆脱痛苦。病态的哀伤反应包括：严重、持续或无法控制的情绪、行为、负性想法、生理困扰与人际冲突；出现异常的精神症状；自伤或伤人；滥用酒精或药物；日常功能显著地持续下降等。一旦出现这些状况，就需要对当事人进行专业的心理辅导。

2. 哀伤经历的阶段

弗洛伊德认为，哀伤是纪念失去过去（客体）的一种方式。哀伤及其过程涉及思想、情绪、行为和躯体感觉的整体过程，它对于重建心理平衡、恢复自我功能非常重要。哀伤是一种循环的、非线性的过程。研究哀伤的学者认为，完整的哀伤会使人反复经历以下阶段。

（1）否认事实。当事人处于震惊状态当中，不相信事情真的会发生在自己身上，不想去看、去听、去接触。

（2）将内心的挫折投射到外界。当事人想要找个对象为整件事情负责，归罪于他人、机构、社会，也可能归罪于自己。

（3）讨价还价。当事人介于承认事实与拒绝事实之间，企图修改事实、减少损害、寻求弥补，向外界甚至命运讨回公道。

（4）陷入忧郁。当事人发现既成事实已无法改变，但在心理上还无法接受，因此陷入无助、无奈中，准备开始面对和处理。

（5）接纳事实。当事人接纳失落为人生中必要且不容否认的一部分，从失落当中成长和学习，找到失落的正性意义。

哀伤的过程并不会依照上述阶段循序渐进地进行，进进退退是常有的现象，有时还会在各阶段之间跳跃摆荡。要真正走完整个过程，有时需要比较长久的时间。

3．哀伤辅导的目标

哀伤辅导强调，当事人不能沉溺于痛苦中，而应让自己感受和经历痛苦，通过哭泣等方式发泄情感，消除罪恶感、羞耻感、孤独感，进而接纳事实，找到生命的意义。

哀伤辅导的具体目标是：协助生者面对失落；协助生者处理已表达的或潜在的情感，包括愤怒、愧疚、焦虑和无助等，这是许多生者难以妥善处理的，而帮助他们接受及解决痛苦是心理辅导的重点和难点；鼓励生者以正性的方式向逝者告别，并坦然地将情感投入新的关系里。

4．哀伤辅导的基本任务

1）建立支持性关系

干预者需要了解事件情况、性质、刺激强度等，并冷静观察当事人目前的状况、其周围的环境及其反感程度，然后采取非侵入性的、温暖真诚的态度与当事人进行接触。初步接触从满足当事人生理需要入手，如递一杯热水、一张纸巾等。干预者的声音、语气应与当事人吻合，应少说话、多倾听，通过行为语言表达理解和共情。干预者应遵循保密原则，避免对当事人造成二次创伤，减少干预过程出现无关人员，提高当事人的安全感，指导照顾当事人的日常生活。如果当事人拒绝求助，需要尊重其决定，并向当事人提供干预者的联系方式。

2）评估当事人的心理状况

以开放性提问进行评估，提问可参考以下内容：

（1）当事人与死者的关系如何，亲密程度怎么样？

（2）死者是在什么情况下去世的，当事人是否毫无心理准备？

（3）当事人以往是否有过类似的哀伤经历，以往的应对方式如何？

（4）当事人在丧亲后的社会支持系统是否完善？

（5）目前最困扰当事人的问题是什么，当事人希望得到哪些帮助？

（6）当事人目前的情绪状况如何，其情绪反应是否属于正常范围？

（7）当事人目前属于哪个阶段，是否属于复杂性哀伤？

3）引导当事人接受丧亲事实，进行开放式讨论

干预者帮助当事人认识、面对、接受丧亲的事实，这是成功干预的第一步。开始，当事人往往存在否认倾向，为了使其接受丧亲的事实，干预者需要与当事人围绕死者去世这件事，开放式讨论死者在什么情况下离世，具体情况如何，这些有助于当事人接受亲人离世的事实。干预者应避免说死者去了天堂、远走了等不现实的词语，而应直接说死者已经死亡或去世等现实性词语，这有助于增强当事人的现实感。

4）对当事人实施哀伤心理教育，阐明正常的悲伤行为

亲近的人突然离世，当事人没有任何心理准备，往往会出现强烈的情绪反应，其正常的生活模式被完全打乱，当事人对这些情况认识不足，看到干预者参与，往往会产生耻辱感。干预者帮助当事人了解什么是正常的哀伤行为，使其接受自己目前看似异常的正常反应。如果当事人在事件发生后不与人沟通、不表达自己的情感，虽然表面看似平静，但其实是把痛苦深深隐藏起来了，陷入冲突与逃避的模式，导致当事人身心疲惫、精神崩溃。对那些反复说"我没事"的当事人，干预者要对其进行心理辅导，告诉当事人：丧亲是每个人都会经历的特别体验，人在悲伤时痛哭是自然的情感反应，不是脆弱无能的表现，但是如果自己内心痛苦压抑，反而会影响自身健康，这些是已故亲人不愿意看到的，只有放下防御，认真体验并正确表达哀伤过程中的感受，才能帮助自己走出悲痛，健康成长。

5）鼓励当事人用语言表达内心感受及对死者的回忆，协助他们体验失落并谈论失落

如果当事人能够清晰具体地表达不同层次的情绪感受，就有助于当事人顺

利度过哀伤期。当事人感到内疚、自责、悔恨、羞愧等情绪，反映了当事人的哀伤情绪，及其渴望与逝者重建关系的心情。干预者需要理解死者在当事人心中独一无二、无可替代的重要性，鼓励当事人停留在感受层次，并与其进行探索与分担。如果当事人还没有特别的表达，干预者就不要直接上升到理性层次，不要有"你要坚强""我理解你的感受"等表达，因为这样会给当事人带来压力，阻碍其脆弱情绪的表达。干预者可与当事人一起聊天，让当事人通过表达、痛哭、沉默、回忆等方式进行适度宣泄。

6）向死者仪式性地告别

干预者可鼓励当事人寻找纪念亲人的标志，与死者进行仪式性的告别，与当事人同探讨遗物的问题。只要是不影响当事人正常生活的行为都可以保留，如给死者写信，然后放飞、埋葬等。

7）完善社会支持系统

社会支持是个体在应激过程中，从社会各方面能够得到的精神和物质的支持。完善社会支持系统是使当事人从哀伤中恢复的最重要、最有效的方法。完善当事人的社会支持系统可从以下几点进行。

（1）给当事人提供具体的帮助与支持，如陪伴、握手、接触，使其不感到孤独，帮其料理后事、处理遗物、提醒其注意饮食和睡眠。

（2）帮助当事人构建社会支持网络图。让当事人按照由近及远的亲近程度，写出能提供社会支持的人的名字，并注明其帮助能力（尽可能具体化，如是情感支持、信息支持、金钱支持，还是生活支持等）。

（3）向当事人强调社会支持的相互性。当事人的控制力恢复后，恐惧、焦虑的情绪就会下降。干预者应向当事人强调，社会支持是相互的，不能只收获、不播种，当事人可以在适当的时候为他人提供帮助，增加自我肯定感。

8）提供积极的应对方式

（1）干预者应让当事人回忆既往积极的应对方式，发挥其自我主观能动性，并给予肯定强化。

（2）干预者应帮助当事人建立适应性行为，包括充分睡眠、营养支持、作息规律、与他人共处、倾诉苦闷、沟通联系、计划未来、适当锻炼、自我安慰、写日记、听音乐等。

（3）问题处理。干预者应让当事人考虑目前需要做的事情，区分轻重缓急来安排时间，并权衡利弊、分析影响、预见困难。

（4）干预者可教当事人利用放松技术进行放松练习。放松技术包括呼吸放松技术、想象放松技术、肌肉放松技术。

（5）干预者应识别当事人的消极应对方式，包括回避他人、回避活动、过度自责、暴力发泄、暴饮暴食、借酒消愁、滥用药物、放任自流、不吃不喝、整天睡觉等。

9）重建积极的思维方式，特别是在当事人产生悲观情绪甚至想自杀时

干预者应鼓励当事人重新适应死者不在的新环境，帮助其探索积极的应对策略，并与外界建立联系，重建生活目标和希望，必要时应寻求社会支持。

（1）纠正过度自责。干预者应帮助当事人分析其对自己的责备是否恰当、是否现实，从另外的角度看灾难的不可抗拒性。

（2）正视改变，适应生活。干预者应告诉当事人，他不是孤独的、一无所有的，也不是毫无希望的，要重新开始新生活。

（3）展望未来，注入希望。干预者应告诉当事人痛苦终将减轻，未来更有意义，生活仍然有积极、幸福的一面，以此总结、肯定、强化、鼓励当事人。

10）评估病态行为并转介医疗需要

当事人的复杂性哀伤情绪如果很严重，持续超过4～6周，并影响了日常生活功能，就需要对其进行精神科治疗。

5．哀伤辅导的基本方法

（1）使用象征。使用某些象征性的物品代替死者，并且给予死者适当的位置。

（2）写信。让当事人把他对死者的一些感情和思念用写信的方式表达出来。

（3）绘画。让当事人通过绘画对哀伤进行调整、抒发和宣泄，让情绪得以合理表达。

（4）角色扮演。让当事人通过角色扮演来实现未能与死者实现的交流和表

达，完成死者未完成的心愿，以达到整合。

（5）认知重建。让当事人从思想上重新认识死者的离开对自己的影响和意义，重新看待生活。

（6）撰写回忆录。让当事人撰写回忆录，把死者的点点滴滴都记录下来，这样可以让死者的生命更有意义。

（7）引导想象。干预者运用保险箱技术和安全岛技术引导当事人想象。

（8）仪式活动。仪式活动通常代表结束一个活动，同时开始新的活动。哀伤辅导很重要的一个步骤是让当事人正视丧失现实，并在心理上接受与死者的分离与告别。

6. 哀伤辅导的方式

（1）个别辅导。根据个体反映情况和自我评估，对有心理援助需求和有病态性哀伤反应的当事人进行进一步的追踪及咨询，可以依据前文介绍的方法实施。

（2）团体辅导。如开展班级咨询和小组咨询，团体辅导在哀伤辅导中有明显的效果。一方面，团体辅导可以有效利用资源，咨询效率高；另一方面，同伴之间可以感受彼此的情感和支持，提高团体凝聚力，增强个体归属感，个体可以在团体中获得积极正性的力量。同时，在以班级为单位的哀伤团体辅导过程中，专业的干预者可以通过观察每个成员的表现，评估其情绪、认知、行为和社会功能的受损程度，筛查出需要进一步接受个体辅导的当事人。

7. 团体哀伤辅导的方案及实施

1）团体哀伤辅导目标的建立

针对创伤性事件的发生和目前当事人的身心反应，制订团体哀伤辅导的目标：让当事人在安全、支持、信任的氛围中追忆缅怀，协助当事人接纳现实；让当事人了解正常的哀伤反应和应对方式；协助当事人宣泄情绪，并为其提供社会性支持；初步评估，筛查出需要进一步干预的当事人。

2）团体哀伤辅导的实施过程

（1）辅导起始阶段。对朋友（同事、同学）突然去世的情况进行公开解释，简要介绍其死亡原因；明确这是一起非正常死亡事件，并不是哪个人的责任，请大家不要过于内疚和自责；解释本次团体辅导的意义。

（2）团体规则的建立。干预者介绍本次团体辅导的目的，将哀悼工作合理化；使本次团体辅导的成员明确本次活动的背景，建立团体规则，即尊重、分享、信任、保密，介绍参与团体辅导的心理辅导老师。

（3）进行分组。干预者请大家坐在地板或凳子上，根据各当事人自己的哀伤情绪程度，以地板为 0 分，头顶为 10 分，用自己手掌与地面的距离来描述自己的哀伤程度。根据每个当事人手势的提示，将影响程度相近的当事人归为一组，形成相对同质的群体。

（4）小组追忆阶段。各小组在各自的干预者带领下分享主题：①听到亲人或朋友（同事、同学）去世的消息，你当时的感受是什么？你的生活受到了哪些影响？②难忘瞬间，平时你和他有些什么令你印象深刻的交往？

此环节通过相对同质的小组，形成高度包容性的场，通过问题创设，引发小组成员回忆，引起小组成员的悲伤反应，协助小组成员梳理自己的感受，宣泄情绪。同时，小组成员分享的情绪，能让团体辅导中的其他成员感受到自己的反应是很普遍和正常的。

（5）大团体心理教育阶段。小组追忆阶段结束后，干预者统一开展哀伤辅导，让团体辅导中的各当事人了解哀伤反应的正常情绪、认知和行为表现，并让团体辅导中的各当事人了解到，如果当事人持续悲伤或悲伤强度过大，自己不能承受，影响了其日常生活，则需要寻求专业的心理帮助。

（6）仪式化告别。团体辅导中的各当事人选取彩色书信纸，将自己想对逝去亲人或朋友（同事、同学）说的话，或者此刻的想法写在上面，郑重地将写好的书信放入信封中。

通过仪式化的寄送祝福，协助各当事人逐渐接纳和认同亲人或朋友（同事、同学）离世的事实，回归现实生活，完成分离，表达对死者的尊重和怀念，投入新的生活。此环节要预留充分的时间给各当事人思考，同时配以轻柔的音乐渲染气氛，引导各当事人自由抒发、表达自己的情感。

（7）团体支持和结束阶段。团体辅导中的各当事人围成同心圆，手拉手、肩并肩，在干预者的引导下做放松冥想。同时，在冥想最后加入一些积极元素，如热爱生命、珍惜每一天等。

哀伤辅导结束阶段运用稳定化技术进行积极正性的引导，让团体辅导中的各当事人自身的能量自然流动，彼此支持。

（8）后续阶段。对各当事人书写的祝福寄语进行评估，筛查出需要接受个别辅导的当事人，结合其表现，进行追踪并提供援助。

团体哀伤辅导之后，对各当事人所在单位领导进行回访和追踪，了解各当事人的情绪状况，及其能否正常开展工作。

3）团体哀伤辅导中的教育元素

突发亲人或朋友（同事、同学）死亡的事件，虽然给当事人情感带来了巨大的痛苦，但同时对于每个当事人来讲，都是一次生动的生命教育。每个当事人的情感引发或多或少是由于投射自身产生的死亡焦虑和死亡恐惧，这一点在存在主义心理治疗个案中常常有所体现。干预者在处理同伴死亡所带来的哀伤反应情绪时，要提供团体有力的支持系统，让每个当事人充分表达自己。通过突发事件，引导当事人直面死亡，也为每个当事人提供了一个审视自己如何好好地"活"的机会。

著名哲学家尼采有两句格言"圆满人生""死得其时"，他强调的是：充实自己，实现自己的潜能，充分、完全地活着，只有这样，才能死而无憾。每个当事人在处理逝去同伴的哀伤之余，都会有一次"向死而生"的思考机会，去考虑如何留下自己当下的足迹。过有意义的人生是自我觉知和体验的开始。

4）团体哀伤辅导实施中应注意的问题

（1）哀伤辅导方案应灵活设计。哀伤辅导方案应根据事件的严重程度、发生和持续时间、被辅导者的反应等综合情况进行有针对性的设计，针对与死者的人际距离进行分层次的哀伤辅导。在具体环节中，可以初步筛查和评估出需要进一步接受个体辅导的当事人，结合其日常表现，进行追踪辅导。

（2）制订团体规则的重要性。作为团体的带领者，干预者在实施辅导前，需要说明辅导的意义、澄清整个事件的事实，然后强调团体规则，这是十分必要的。团体各当事人应尊重死者，自助、互助，走出哀伤情绪，全情投入整个活动，这样辅导才能达到预定的目标。

（3）背景音乐及道具。在寄送祝福的辅导环节中，干预者在引导大家为逝去的亲人或朋友（同事、同学）寄送祝福的同时，要引导大家思考生命的意义，进行自我思索。背景音乐的选择应该轻柔而悠远、发人深思。在这个过程中，很多当事人的情感会被激发，他们默默流泪、深深追忆、沉重思考。各当事人书写用的信纸和信封，甚至收纳信件的容器都要做到精致精细，关注当事人的心理感受，将人性化的关怀体现在细节中。

5）对哀伤辅导干预者的要求

哀伤辅导干预者需要具有一定的专业资质，有丰富的个体咨询和团体辅导经验，可以敏锐地觉察团体成员的反应，并及时作出回应和反馈。同时，干预者还兼具教师的角色，要带领成员以人文关怀看待死亡，这也是具有现实意义的生命教育。

哀伤辅导干预者需要具有较为稳定的情绪，需要整合好自己以往的哀伤经历，在哀伤暴露时，使自己不被激发、被卷入和处于分离状态，不会害怕强烈的情感和躯体反应，不会出现同感创伤。

哀伤心理恢复不是一件容易的事，是通过当事人一系列微小而正确的选择逐步实现的。那些能帮助当事人走上恢复之路的行动，要求当事人和有心帮助他们的人具有高度专注的精神、开明的思想、强烈的意愿和足够的勇气。

六、重建生命意义技术

经历了自杀危机心理创伤之后，当事人需要在创伤修复的过程中重新进行自我定位、自我复原，回归正常的生活轨道，过上正常的生活，进行个人关系的重建和寻找新的生命意义。

重建生命意义技术是一种在治疗策略上着重于引导当事人寻找和发现生命的意义，树立明确的生活目标，以积极向上的态度来面对和驾驭生活的心理治疗方法。其目的就是帮助当事人寻找失落的生活目标，帮助他们从危机、挫折中发掘新的生命意义，反思生命的价值，建立明确和坚定、乐观的人生态度。其中，至关重要的是使当事人改变生活态度和生活方式，保持其对生命意义的追求。

重建生命意义技术的特点是较少回顾与较少内省,尽量不强调所有恶性循环的形成及反馈机制,将着眼点放在将来。在倾听和共情的基础上,尽可能让当事人认识到当下存在状态的意义,或将他们引入对未来生活意义的追寻上。

(一)重建生命意义技术的治疗种类

1. 意义分析

意义分析是针对神经症、受到命运打击及由生存状态引起的精神紧张三种危机状态的基本治疗技术。可以通过帮助当事人找到应投身的事业、应建立的关系和应实现的价值来医治这种病症,也就是通过帮助当事人分析其存在的意义,使当事人的精神复苏,使其全面地认识自己并承担自己应承担的责任。

2. 矛盾意向法

矛盾意向法也称矛盾取向和自相矛盾意向法,矛盾意向法主要用于患有强迫症、恐惧症的当事人,尤其是对那些有潜伏的预期性焦虑症的当事人。这种方法可以帮当事人控制住焦虑,让其松弛、从容地应对环境,这种方法的主要观点是:在当事人出现某种心理症状时,劝解当事人不要与这种症状斗争;相反,采取一种让症状继续下去的行为和思想,以此来解脱症状。在当事人停止与症状的抗争,转而对情境采取一种幽默的、嘲讽的态度时,他便不再与症状结合在一起,而是从更高的位置,以一定的距离来审视自己的症状了。如此便打破了恶性循环,各种症状也就随之消失了。矛盾意向法表明人具有超越自我的能力,而且也具有改变自身不良状况的能力。

3. 非反思技术

非反思技术是重建生命意义技术的另一种技术,主要用于对过度反思、过度注意及过度自我观察的治疗。在这些病症中,当事人通常过于担心行为表现不尽如人意,由此导致扭曲的过度注意和过度反思,并将注意力集中于自我,从而阻碍了行为的正常进行。为了寻求正常的表现或快感,当事人会将此视为目的本身,进一步强化过度注意和过度反思。于是,当事人便被某种恶性循环包围了。非反思技术是用来应对过度反思的,有意识地抽回集中在这一症状上的注意力,取消自己对某一行为的强迫性关注,使当事人的预期性焦虑和注意力从行为本身转移或自我转移到积极的方面，或转移到外部事物、转移到更有意义的事情上，使当事人不再被焦虑所困扰。许多人沉浸于反思自己的问题和自己的消极情感，非反思技术的目的是系统地改变当事人注意的焦点，注意力的改变是导致当事人生活中核心意义变化的关键，当事人会发现新的生活意义，确立新的生活目标，通过参与活动，学会发现和寻找其人生的目的和意义。

重建生命意义技术的实施过程需要经过以下几个阶段：确定治疗对象→收集、分析当事人的信息→启发、诱导，并提出改善症状的建议→态度改变→巩固、迁移治疗效果与结束阶段。干预者应该鼓励当事人发现生活中的特殊意义，尝试用新的价值观来体验生活，同时为不断追求意义和有承诺行为的当事人提供充分的支持。

（二）重建生命意义技术的注意事项

（1）干预者的作用并不是告诉当事人他们生活中的特殊意义应当是什么，而是应鼓励他们自己发现。

（2）在当事人放弃了原来的价值观，但并不寻找新的更适应的价值观来替代时，干预者应该鼓励当事人尝试用新的价值观来重新体验生活。

（3）因为抱负和承诺有助于改变当事人原来的生活模式，因此在治疗过程中要为不断追求意义和有承诺行为的当事人提供充分的支持。

七、自杀现场危机干预谈判技术

对于自杀现场危机事件的处理，通常通过和平谈判和强行现场营救的方式解决，处置的效果在很大程度上取决于谈判的效果，因此自杀现场危机干预谈判技术尤为重要。

（一）谈判场所的选择

谈判场所的选择对于有效开展谈判工作及现场高效沟通与协调配合具有重

要意义。在自杀类危机事件中，如果在当事人行为举止不至于威胁到谈判人员的情况下，可选择面对面谈判；如果当事人使用危险方法自杀或威胁警方（如爆炸、持枪等），通常建议选择利用通信工具（如有条件可使用专业谈判器材）进行远距离谈判，确保多方安全。

1. 面对面谈判

在自杀事件中，很多情况下为了能够获得良好的沟通效果，取得对方的信任，缓解现场的紧张气氛，谈判员通常会选择与当事人保持一定距离的面对面谈判方式。

（1）谈判员首先应注意自身安全，与当事人保持一定距离，同时避免过近的距离刺激当事人。

（2）在当事人允许的前提下，其他人可以在现场辅助谈判员工作，同时便于传递信息或保护谈判员安全。

（3）如果在当事人不允许谈判员以外的任何人进入视线范围内的现场，则应给谈判员配备无线联络装置，便于谈判员与后台沟通，其他谈判人员在谈判工作室工作，为前台提供有力支持。

（4）当谈判员一人在现场进行谈判时，救援单位一定要做好安全保护和应急方案。

2. 利用专业器材谈判

（1）如果选择建立沟通渠道后，通过通信工具展开谈判，则需要谈判室与谈判工作室两个相对独立的空间。前者主要是谈判员、辅助人员使用，专门用于与当事人进行谈判；后者主要是指挥员、谈判组组长、支援力量负责人使用，作为工作间，为谈判员提供支持，会见各种角色。

（2）谈判室与谈判工作室最好相距不远，可以选择套间或者隔壁两间，方便进行语言沟通和策略制订，但同时两个方间也要保持相对独立，避免处理后方事务时打扰到谈判员的谈话。谈判员最好能坐在相对安全和舒适的椅子上，前置一张谈判工作台，面对事件报告板。

（3）事件报告板应放置在谈判员视野范围内，同时也尽可能兼顾指挥员、谈判组组长查看,以避免更多的语言交流。记录员记录时面对事件记录报告板,其他时间则面对谈判员,既可以鼓励谈判员,了解事件进展,又可以作为联络员,提醒其内部发生的情况、传递信息。

(4)谈判室内应尽量保持安静,为谈判员营造良好的沟通环境,其他人员包括现场指挥员都避免进入谈判室。为了便于谈判组成员第一时间了解谈判进展,如果能够选择一大块透明玻璃作为谈判室和谈判工作室的墙体间隔则效果会更好,这样谈判组其他成员不必进入谈判室就可以看到谈判室的全部工作情况,加上同步通信工具,就可以做到时时沟通。在实际工作中,如果条件不允许,应尽量按照谈判室工作便利的要求布置谈判场地。

(二)自杀现场谈判策略

要实现谈判员在谈判中获得心理优势和主动权,就要依据自杀者的心理变化规律,采取适当的应对策略。首先,在谈判过程中,谈判组成员必须清楚地意识到自杀者处于心理变化的哪个阶段,以及彼此的关系发展到什么程度,谈判员对现场心理控制的能力有多强。其次,在不同阶段,谈判员谈判的阶段性任务不同,所以应采取的对策措施也不同。在谈判进展的不同阶段,谈判员应采取的谈判策略如下。

1. 初期谈判策略与技巧

在自杀事件谈判的初期,谈判员与自杀当事人初步接触,其重要的功能与职责是缓和现场紧张压抑的气氛,了解情报信息,尽可能降低危机的等级。在此阶段,谈判员不应急于解决问题,那样很容易让自己陷入困境而难于回旋。

1)初期谈判目标

(1)稳定对方情绪。企图自杀者的情绪在初期都比较紧张敏感,任何突然发生和接近的行为都可能导致其激烈反应,而谈判人员面对事件则可能会产生很大的压迫感。在接触的初期,应尽可能创造良好的谈判与沟通环境,通过平和的言语来缓和现场的紧张气氛,使当事人可以在平静和相对理性的状态下与谈判员进行对话和思考。

(2)建立有效沟通的渠道。在稳定当事人情绪后,谈判员可以从多角度展开谈话，通过关心的言语，有效地搭建一个良好的对话平台，使当事人可以就愿意诉说的话题逐步将对话进行下去。谈判过程中，谈判员可适当引导，尽可能使双方对话逐步进入预想的轨道，以达到预期效果。

（3）控制现场和建立信任感。在接触初期，能够有效地控制现场，特别是控制谈话与沟通（包括谈话的内容、语气方式等），对于下一步建立互信，培养信任感尤为关键。同时，有效的信任是谈判工作开展的重要支柱，谈判员在初期要树立良好的个人形象，显现亲和力与诚意，为下一步的劝导奠定基础。

2）初期谈判策略

谈判的初期阶段，以积极倾听为主要策略，运用沟通技巧建立良好的沟通渠道。在这一阶段，不应急于求成，参与谈判的人员要以平和、友善的语气，主动介绍自己的身份，强调对当事人的关注和关怀，说明自己是来帮助其解决问题的。以消除其敌对情绪，赢得当事人的信任，使双方逐步形成合作气氛。通过各种谈判手段和技巧，寻找共同话题，因势利导，促使当事人的心理产生波动，最终达到行动转变的目的。初始谈判还可以迅速了解事件的起因、当事人的个人情况及其自杀动机，为进入下一步展开实质性谈判，奠定坚实的基础。

（1）建立沟通。谈判员可以大方地表明自己的身份、来意，但需要注意，如果当事人对于谈判员有排斥，可以选择要好的朋友介入。同时可以亲切地称呼当事人，或询问当事人希望自己被怎样称呼。通过多角度话题（如家庭、工作、爱情等）展开的方式建立沟通，寻找当事人的心结所在。

（2）表达关心。通过平缓的语气表达关心，表明谈判员到这里的目的就是关心当事人、想帮助其解决问题，同时可以询问当事人当下的基本需要，如食物、水、保暖物品等。

（3）引导和倾听。通过积极倾听技术了解情况信息，通过谈判员自身的观察与前期沟通作出基本判断，如谈到家庭时，当事人表现失望；或谈到恋人时，当事人非常愤怒等，同时积极引导对方宣泄、排遣情绪、缓和心理矛盾。

（4）主动提供满足当事人生理需求的物品。在建立信任的基础上，让当事人作出适当回报，如远离危险区域等。

2. 中期谈判策略与技巧

中期阶段一般在整个事件处置中占据了大部分时间。当事人在经过一段时间的内心抒发和宣泄之后，情绪趋向稳定、思维趋向清醒；在行为特征方面表现为愿意与别人沟通，愿意考虑别人的观点。

1）中期谈判目标

（1）探明自杀原因。在前期取得当事人信任的基础上，谈判员可以与当事人进行深入交流与沟通，进一步获取更多的信息，探索当事人的内心感受和产生自杀念头的原因。

（2）激发新的生命意义。谈判员应和当事人强调还有更好的方法解决问题，给予当事人理性思考的途径，帮助其寻找新的生命意义，或者提供切实可行的解决方案供其参考。

（3）与有关部门配合准备营救。在此过程中，营救单位要做好随时待发的准备，一旦发生意外情况，可以在最短时间内采取行动，同时可以提出备选的应变方案。

2）中期谈判策略

这一阶段是谈判工作的重点，关系整个和平解救方案策略的成败。在中期谈判阶段，以影响当事人思想认识和行为为策略，谈判员与当事人进行深度交谈，从不同角度分析问题，从而改变当事人的一些看法。在这一过程中，当事人的心理变化要经历极度亢奋、敏感和暴躁；相对理智、清醒、疲惫、焦躁、寻求精神寄托等不同阶段。通过谈判，突破当事人的心理防线，力争形成当事人"心理解脱"。

（1）广泛展开话题。在沟通过程中，谈判员可以从家庭、亲情、事业、人生观、价值观等多角度展开话题，引导当事人诉说与发泄，就当事人感兴趣的话题进行深入交流，进一步加深信任，建立感情。

（2）帮助其分析自杀造成的各种后果，强调还有其他解决方法。谈判员应让当事人明白自杀只是解决问题中一种回避现实的选择，它并不能解决现实中的任何问题，同时劝导当事人要顾及亲人和朋友的感受，不要一意孤行。

（3）不要直接否定当事人的观点和选择。谈判员应以中介人的身份帮助当事人解决问题，提供更好的选择给当事人，而不要忽视和否定其观点或行为，让当事人真正感受到关心和帮助。

（4）称赞当事人的正性思维和行为，用暗示使当事人自己作出选择。谈判员应尽可能发掘当事人身上的优点，如在乎家人、关心妻儿、有悔改之意等，使用正性的心理暗示，帮助其设想放弃自杀的种种美好前景。

（5）适当利用中介人促进当事人的心理逆转。谈判员应寻找如亲人、朋友等中介人，利用亲人朋友的劝说帮助当事人回归理性思维（可以选择电话、微信语音、视频或会面等不同方式），作出正确判断。

3. 后期谈判策略与技巧

1）后期谈判目标

后期阶段是整个事件中最关键的时刻，也就是事件结束前的时刻。一般情况下，有两个不同的结局：一是当事人接受引导，消除自杀念头；二是当事人坚持选择自杀，有危险举动或身体原因出现危险，随时准备实施强行营救。

2）后期谈判策略

（1）给当事人设计体面下台的合理台阶。谈判员应帮助当事人寻找合理的台阶下台是谈判过程中的一个重要环节，如果解决不好，当事人可能会碍于面子而继续保持自杀姿态。此时，可利用关系类中介人进行一些让步磋商，如领导作出承诺，或创造一些平和的气氛和环境让当事人自己放弃，如疏散围观群众、减少现场警力等。

（2）如果当事人自己远离危险环境比较危险，则应安排谈判方人员前往救助。当事人长时间处于紧张状态，精力与体力已经严重透支，如果经评估认为现在情况危险，可以与当事人共同商量下一步措施，确保安全。

（3）如果现场情况危急，当事人无意放弃过激行为，这时谈判员可以与救援队配合，通过分散其注意力或其他战术性谈判策略来为救援创造机会，减小救援的风险，确保当事人安全。

第七章

自杀心理危机干预体系

自杀心理危机干预是一项系统性很强的工作，需要构建一个综合体系去指导相关工作。目前，当务之急就是构建较为完善的自杀预防综合体系，包括自杀预防教育训练体系、自杀预防监控预警体系、自杀预防多维支持体系和自杀危机多级干预体系，使自杀预防和干预工作在统一有效的规范下运行。

一、自杀预防教育训练体系

（一）深入推进"三观"教育，明晰自杀预防方向

"三观"一般是指世界观、人生观、价值观[①]。要用习近平新时代中国特色社会主义思想和习近平强军思想，教育引导人们，特别是党员干部，要牢固树立正确的世界观、人生观和价值观，始终不忘初心、牢记使命，保持政治定力、纪律定力、道德定力、抵腐定力，在任何时候都能够不移其志、不改其心、不忘其本。特别是在当前社会思潮多元化及反腐呈现高压态势的影响下，"三观"容易发生偏离，导致人生的"总开关"出现问题。从调研情况来看，价值取向扭曲是影响自杀的高危险因素之一，因此深入推进"三观"教育，才能为自杀的预防指明方向、保驾护航。深入推进"三观"教育，一是要立足现实问题，明确开展"三观"教育的重要性。"三观"的形成不仅事关个人成长进步，也事

---

① 引自百度百科中"三观"词条对三观的解释。

关社会前途和国家命运，因此开展"三观"教育显得尤为重要。当前，对犯有错误的党员干部，特别是领导干部，要引导和鼓励他们勇于直面问题，告诉他们越是有问题、越是问题严重、越要相信和依靠组织，让他们主动向组织坦白一切，积极争取组织上的教育挽救，从而使他们卸下包袱，轻装前行。此外，在心理问题日益增多的现状下，"三观"教育要立足现实生活中遇到的实际问题。对于当事人在家庭纠纷、婚恋受挫、个人得失、为人处世中遇到的烦心事，应帮助他们解决问题。二是要结合社会主义核心价值观，为"三观"教育树立正确导向，抵制各种错误思潮，让正确的"三观"真正内化于心、外化于行、固化于魂。三是要借助榜样的强大力量，为"三观"教育找准发力方向。一个时代有一个时代的楷模，一个民族有一个民族的英雄。榜样的力量是强大的：干惊天动地事、做隐姓埋名人的"两弹一星"元勋程开甲；用生命谱写信仰、用大爱诠释忠诚的中国工程院院士林俊德；"你退后，让我来！"的排雷英雄杜富国；将年轻生命献给蓝天的一级飞行员张超……榜样就在我们身边，他们不仅是镜子，还是旗帜。依靠榜样的强大力量，如组织先进事迹报告会、与榜样面对面等活动，在与榜样近距离接触、聆听榜样先进事迹的过程中，提高思想意识和政治觉悟，引发人们对"人该怎样活""梦该如何圆"等话题进行讨论，找准自身定位，摆正人生方向，这对自杀可以起到一定的预防作用。

（二）开展心理健康教育，普及心理健康常识

古往今来，传统的健康观在人们看来就是"无病即健康"。随着社会文明程度的不断提高，健康被赋予了新的含义。世界卫生组织提出，健康除指没有疾病外，还包括身体健康、心理健康、道德健康和社会适应良好等。心理健康已经引起了越来越多人的关注，只有心理健康的人才能发挥出无穷的潜力，才能取得更伟大的成就。由此可见，心理健康的重要性无以复加。我们要坚持从知、情、意上下功夫，不断提升人们的心理认知能力、情感调适能力、应对压力能力。开展心理健康教育，一是要面向广大群众，让心理知识深入群众思想，把心理健康教育纳入思想政治教育体系之中。同时，采取谈心交心、奖惩激励、知识竞赛等形式，真正让心理知识入脑入心。二是要丰富教育内容，将自杀预防知识融入其中。每月至少安排一天进行心理知识普及，包括自杀的危害、导

致自杀的高危因素、自杀心理危机干预对策等在内的与自杀预防相关的内容也必须纳入心理健康教育之中。同时，结合实际情况，开展心理服务下基层活动，至少每季度（或半年）请心理专家、心理医生进行专题授课。此外，以每年 9 月 10 日的"世界预防自杀日"为契机，开展相关心理健康教育，通过有针对性的教育，加强人们对自杀的防范意识。三是要借助网络技术，使心理健康教育效果提升。运用网络技术建立"互联网+心理健康教育"平台，开展网络教学、互动等人们喜闻乐见又容易接受的心理健康教育是时代发展的新趋势，它与传统教育模式相互补充，从而提升心理健康教育的效果。

（三）强化珍爱生命教育，打牢自杀预防基础

生命教育是指，为了生命主体的自由和幸福所进行的生命化的教育，它是教育的一种价值追求，也是教育的一种内在形态。就当前状况来看，不管是我们从小接受的家庭教育、上学后接受的学校教育，还是入职以后接受的社会教育，更加注重的都是能力素质、专业知识和政治理论等方面的"填鸭式"教育，忽略了心理教育和人格塑造的重要性，这导致生命教育在教育体系中几乎是空白的，成为当下教育的一根"软肋"。在教育体系中，增设生命教育相关内容，不仅要教授人们"何以为生"，也还要教育引导人们"为何而生"，使人们形成乐观积极的人生态度，树立正确的生命价值观，为自杀的预防奠定基础。强化珍爱生命教育，一是要加强责任感意识培养，夯实生命教育基础。身体发肤，受之父母，父母给予我们生命，同时我们的生命又与家庭、社会有着千丝万缕的联系。

从屡屡发生的自杀事件中反映出有些人对生命的责任意识淡薄，在他们看来自杀就是个人之事，与他人无关，殊不知自己解脱了，给亲友留下的是难以抚平的悲痛，也给家庭和社会带来了难以估量的损失。只有加强责任感意识的培养，明确其人生意义和存在价值，才能夯实生命教育基础，使人们更好地对自己的生命负责，对家人负责，对社会和国家负责。二是要将死亡教育纳入生命教育之中，充实生命教育内容。德国哲学家海德格尔曾经说过，人是通向死亡的存在，生与死是一体两面、不可分离的，死亡不是尚未到来，而是依生命而存在的，它是生命的一部分。死亡教育也是生命教育的一部分，开展死亡教

育，有助于人们更好地了解生命，从而更加珍惜生命，热爱生活。通过教育和引导，帮助人们思考生与死的生命课题，用乐观积极的态度面对生与死，领悟生命的意义，珍惜当下的生活。三是要加大生命教育力度，丰富生命教育形式。抓住一切可以利用的资源，如张贴心灵寄语以滋润心灵，开展"珍爱生命，热爱生活"演讲比赛，举办"珍爱生命，预防自杀"专题讲座等。采用多种教育形式，寓教于乐，潜移默化地影响人，耳濡目染地教育人，言传身教地引导人，让人们在快乐工作、快乐生活中创造属于自己的生命价值。

（四）突出抗压耐挫训练，增强自杀预防坚强意志

对于有些人来说，当个人愿望得不到满足时，就会有挫折感，很容易产生郁闷、沮丧、焦虑、攻击、易激惹等不良情绪和行为反应。在现实生活中，压力与挫折难以避免，个体的抗压耐挫能力也不尽相同。有的人能越挫越勇、百折不挠；有的人则不堪重负、自暴自弃，选择用自杀的方式结束自己的生命。抗压耐挫训练有利于提高人们应对挫折和压力的能力，对预防自杀具有一定的效果。突出抗压耐挫训练，要增强抗压耐挫教育力度，引导人们树立正确的挫折观。抗压耐挫在人的心理素质中占据重要地位，挫折可以使人萎靡不振，也可以使人奋发向上，它就像前进道路上遇到的障碍物，最难的是积极地应对挫折的态度和方法。由于挫折导致自杀的现象屡见不鲜，因此要增强教育力度，将抗压耐挫教育纳入教育计划，教授人们应对挫折的方法，引导人们正视挫折并战胜挫折。

二、自杀预防监控预警体系

《礼记·中庸》中有云："凡事豫则立，不豫则废。"构建可靠的自杀预防监控预警体系，预先发现自杀高危人群，可以及时对这类人群的心理危机作出准确、科学的判断，是防止自杀行为发生的关键措施。如何筛选出有自杀倾向的人，并采取重点的预防干预措施，其工程浩大、过程复杂，必须依靠合理的体系和科学的手段才能够得以实现，具体应包括以下三个方面的内容。

（一）建立心理健康档案

心理健康档案是在开展心理测试、心理危机干预和提高心理素质等活动过程中形成的原始记录。心理健康档案的建立有利于实时跟踪当事人的心理状况，也有利于促进心理健康服务工作的开展。而就目前的情况来看，有的单位心理健康档案内容缺失；有的单位因缺乏专业人才导致心理档案只是摆设；有的单位根本就没有心理健康档案；这些原因导致心理健康档案并不能发挥出应有的作用，因此科学建立并且能够正确使用心理健康档案是当前需要解决的问题，也是自杀预防监控预警体系建设的首要基础。从心理健康档案的内容来看，可以设置为以下四个模块。

（1）个人情况，包括姓名、性别、籍贯、出生年月、民族、婚姻状况等，这是最基本的情况，也是心理健康档案的基础。

（2）家庭情况，包括父母的婚姻状况、家庭组成架构、家庭居住环境、家族遗传病史、父母管教方式和态度、重大生活事件、家庭经济状况等。其目的是从中找到个体性格形成的原因，从而发现可能出现自杀意念、自杀行为的苗头，为下一步进行心理筛查做准备。

（3）健康状况，包括身体健康状况和心理健康状况。其中，身体健康状况包括自身发育状况、个人病史、生理缺陷等；心理健康状况可通过智力测验、心理健康测验、人格测验等检测个体是否存在智力问题、人格缺陷及心理问题。筛选出有问题的个别人员并进行重点监控，为下一步自杀心理危机干预提供帮助。

（4）心理咨询记录，包括来访者的基本信息、咨询疏导时间、主诉及具体症状、诊断结果及干预措施、相关人员签名等。虽然心理健康档案是静态的，但是心理是动态发展的，所以心理健康档案需要不断进行丰富和完善。从心理健康档案的管理来看，随着大数据时代的到来，数据管理在心理健康档案的管理工作中占据一席之地。

"一切靠数据说话"的观念逐渐深入人心，充分运用心理数据，能够掌握当事人的心理状况，发现并预测其是否萌生自杀意念，作出自杀举动，从而可以及时对当事人进行心理疏导和危机干预。传统的档案管理可能会出现数据遗失、泄露隐私、查找困难等问题。在当前信息快速发展的时代，心理健康档案数据化管理的优势逐渐显现。建立心理健康档案管理系统，将心理健康档案以数据的形式输入一个程序之中，形成心理健康档案数据库，既方便储存，又便于查找，同时还可以根据心理发展轨迹摸排当事人是否存在自杀的风险，所以需要我们尽快完成心理健康档案管理的数据化，实现心理健康档案动态化管理。

从心理健康档案建立的原则来看，笔者认为尊重事实、合理有效、动态发展、保护隐私是心理健康档案建立所要遵循的四项原则。

（1）尊重事实就是要坚持一切从实际出发，实事求是。心理健康档案中收集的信息必须真实有效、准确可靠。对于心理咨询部分的相关信息，要进行全面分析总结，给出客观的意见和建议。

（2）合理有效就是要用科学的态度，运用科学的检测方法，来反映和记录当事人的心理健康状况，这样的心理健康档案才具有参考价值，才能为心理健康工作者顺利开展危机干预工作提供有效依据。

（3）动态发展就是要用发展的眼光更新和维护心理健康档案管理系统，因为人的心理是不断变化的，心理健康档案就像人的成长档案，只有适时更新心理健康档案，才能真实反映人的身心成长轨迹，增强自杀心理危机干预工作的有效性和针对性。

（4）保护隐私就需要在建立和使用心理健康档案的过程中，采取相应的保密措施，除本人有知情权外，不得外泄，其内容仅供心理专业人士研究和评估使用。在个体心理状况恶化、生命安全受到威胁的特殊情况下，心理健康档案则有必要向相关人员和组织告知，将伤害降到最低。

（二）完善心理测评机制

心理测评是一种比较科学的测试方法，它依据一定的心理学理论，通过科学、客观、合理、标准的手段对人的智力、性格、职业兴趣、气质类型、能力等方面的水平进行识别和评价。进行心理测评及时发现当事人存在的心理问题，也是构建自杀预防监控预警体系的关键一环。首先要发现并甄别自杀高危人员，将自杀事件的发生率降到最低。使用心理测评系统进行健康筛查，可以避免自杀行为的发生或者尽可能将自杀所带来的损失降到最低。通过明尼苏达多相人格调查表（MMPI）、生活事件量表（LES）、抑郁自评量表（SDS）、焦虑自评量表（SAS）、成人心理压力量表、精神症状自评量表（SCL-90）等一系列量表，结合心理健康档案作出综合评估，将以下十类容易发生自杀行为的高危人员划入重点关注人群中。

（1）家族遗传，作出自毁行为者。

（2）性格孤僻，人际交往障碍者。

（3）家境贫寒，内心极度自卑者。

（4）家庭缺陷，严重缺乏关爱者。

（5）厌倦生活，难以适应环境者。

（6）外部刺激，遭遇突发事件者。

（7）近有冲突，人际关系失调者。

（8）感情受挫，心理行为异常者。

（9）职业特殊，应激反应失常者。

（10）躯体疾病，精神疾病患有者。

使用心理测评系统，筛选出有心理问题的人，特别是针对萌生自杀意念或者实施自杀行为的人，可以为下一步对其进行心理疏导和采取自杀心理危机干预措施提供准备条件。

此外，还要注意，针对有些心理测评量表会受测试者所处情境的改变而发生一些变化的情况，需要及时更新，严格记录测评时间。然后要科学建立动态心理监测网，实时关注受测试者的心理健康状况。进行心理测评工作并不是一蹴而就的，而是要持续、不定期地做测评，进而形成无缝衔接、动态织密的网络。

（1）单位要全员覆盖，定期筛查。每半年组织专业的心理工作者对个体进行心理普查，筛选出结果异常者，进行心理疏导和危机干预，对于心理问题严重者干预者应协调体系医院或专业机构转诊治疗。

（2）对于单位领导来说，要把握时机重点筛查。针对关键敏感时间节点和特殊重要工作岗位，只要及时捕捉信息、察觉异常、发现苗头，自杀是可以避免的。

自上而下建立科学的动态心理监测网，不断完善心理测评系统，对预防自杀起到未雨绸缪的作用。最后要借助网络"心理痕迹"，及时发现有自杀苗头的人。虽然传统的心理测试能甄别自杀高危人群，起到很好的监控预警作用，但是在当前大数据环境下，互联网由于不受时间和空间的限制，赢得了人们的青睐。微信、QQ、论坛等社交媒介已成为人们倾诉内心、抒发情感的"第二世界"。互联网的匿名性满足了他们宣泄情绪的需求，同时他们的大量留言、评论等也能反映其内心的真实想法。通过人们在网络上留下的"心理痕迹"，用大数据分析工具和人工智能软件等现代科技手段对个体行为特征及其心理状况进行摸底排查，甄别筛查有自杀倾向的高危人群，及时采取防护措施；同时，及时给心理工作者发送预警信息，使其快速知悉个体当前的心理状况，从而能够精准投放帮助信息，有针对性地对个体进行心理疏导和危机干预，有效防止自杀行为的发生。

（三）优化心理工作资源配置

心理工作资源配置包括完善基础设施建设及充分整合社会资源。从当前的心理服务资源分布来看，一些单位配套的心理设施建设相对落后，与专业机构也没有建立长期合作且交流甚少，使心理资源配置无法发挥出最大效用，因此优化心理资源配置是自杀预防监控预警体系得以正常运转的重要保证。大部分单位不是没有心理咨询室，就是心理咨询室形同虚设、门可罗雀。其中的基础设施简陋，狭小的房间里仅有一套桌椅，墙上贴着几张标语。心理咨询室是进行一对一心理疏导和危机干预的主要场所，要重视心理咨询室的建设。为保证心理疏导和危机干预的治疗效果，心理咨询室要保证空间相对宽敞，不能太大也不能太小，10平方米左右为宜；隔音效果要好，以保证心理疏导和危机干预能在安静的环境下进行；屋内应布置整洁，并配有窗帘、资料柜、沙发或座椅、茶几、计算机、座机、专业的心理治疗仪器和简易的心理宣泄器材等，避免"心理疏导无处去、基础设施跟不上"的窘境。要充分用好社会资源，与专业机构、医院等建立密切联系，进行沟通交流，定期开展专题辅导、心理诊断、健康讲座，引导人们积极面对生活、珍惜热爱生命。对于在心理测评中发现的"个别有问题的人"，要及时对其进行心理危机干预，防止自杀行为的发生，发挥自杀监控预警体系应有的作用。

三、自杀预防多维支持体系

社会、组织、家庭三者是不可分离且相互作用的有机整体，构建自杀预防的多维支持体系需要三者一起"上阵"，共筑自杀防线。笔者在对自杀事件进行调研后发现，自杀者周围的人（包括单位领导、朋友和家人）其实往往早在自杀者实施自杀行为前就已察觉到自杀者的异常反应，有些自杀者甚至曾向专业医疗机构寻求过帮助，但这些丝毫没有引起他身边人的足够重视，最后导致悲剧发生，造成了无法挽回的损失。基于自杀者当前时代背景、职业特点、岗位要求、家庭状况、成长环境等因素的不确定性，导致自杀的原因错综复杂，需要调动社会、组织和家庭的全部资源，打造深层次、多角度的群防群治格局，通过朋友和家人给予当事人提供全方位的支持，帮助其安然渡过危机，健康快乐生活。

（一）构建社会支持体系

习近平总书记在党的十九大报告中明确指出："加强社会心理服务体系建设，培育自尊自信、理性平和、积极向上的社会心态。"[①]广大人民群众的心理健康问题已经引起了党和政府的密切关注。与此同时，自杀作为一个与全民健康息息相关的社会现象，也成了全社会广泛关注的热点话题，但是当前社会自杀心理危机干预体系仍然不成熟、不完善，自杀心理危机干预工作需要大量能够敏锐发现有自杀倾向者的心理工作者，并且他们能够针对不同个体的不同情况给出个性化的危机干预方案，而不仅仅是通过宏观角度笼统地进行一般的心理咨询，所以当前最迫切的是要建立健全社会自杀心理危机干预体系。虽然目前有一系列防控自杀的心理危机干预机制，但是仅仅依靠自身的资源无法做到有效预防自杀，当事人应该及时意识到自身的局限性，并积极与社会资源建立起沟通协作渠道。干预者利用社会专业力量对当事人进行干预，对在日常生活中发现的"重点人"，积极与其单位或公安机关、乡镇街道、村委社区、学校、医院

[①] 2017 年 10 月 18 日，习近平在中国共产党第十九次全国代表大会上的报告。

等相关单位取得联系，全方位了解其家族遗传病史、成长环境和既往表现，提前预判可能出现的不良心理状况和危险行为，有效做好自杀预防工作。

（二）构建组织支持体系

组织支持对于个体的心理健康来说十分重要，特别是针对自杀危机早期的线索识别和自杀行为发生之后的干预都需要所在组织给予大力支持。首先，各级领导要对预防自杀工作高度重视，制订行之有效的危机干预方案，由上至下分工明确、履职尽责、发挥作用。其次，定期组织对各级领导和工作骨干进行自杀心理危机干预常识培训，使他们在面对突发状况时，能及时采取正确的处理方法，极大限度地降低自杀风险、挽救生命。最后，还要积极改善生活和工作环境，关心个体的成长进步和健康状况，为其排忧解难；营造和谐纯洁和团结友爱的内部关系，使人们心情愉悦。同时，开展形式多样的文娱体育活动，让个体在组织中找到归属感。建立上下联动、积极有效的组织支持系统，这对自杀的预防来说举足轻重。

（三）构建家庭支持体系

家是港湾，是臂膀，是心灵的归宿，也是强有力的后盾。家庭氛围直接影响子女的心理状态，因此家庭的支持在自杀心理危机干预工作中的作用绝不能忽视。基层领导要与员工家庭保持密切联系，充分掌握每名员工的基本家庭状况，包括有无父母离异、有无经济困难、有无夫妻矛盾等，尽力解决好员工家庭遇到的实际困难。对于"问题人"，"一人一事"工作要见事见底，单位领导要与员工的家人保持密切联系，进行沟通交流，了解近期其家中发生的生活事件，实时掌握员工的思想动态，及时觉察员工的不良情绪，为自杀线索识别和自杀危机干预工作打下基础。

四、自杀危机多级干预体系

自杀危机多级干预体系能对自杀事件采取快速有效的应对措施，能最大限度地给予当事人帮助和支持，避免自杀事件的发生或者将损失降到最低，自杀危机多级干预体系可以从以下三个方面加以构建。

（一）建立自杀心理危机干预工作机构

自杀者即使产生了自杀意念，但是求生的本能和对家人的牵挂常常使自杀者在最终实施自杀行为之前陷入矛盾之中，这时自杀者往往会流露出一系列自杀线索，这些自杀线索可以看成自杀者向他人发出的"求救信号"。笔者通过调研发现，某些自杀者在自杀前曾经向专业机构寻求帮助，如果其自杀意念能够及时被察觉并引起足够的关注，可能会减轻甚至打消自杀者的自杀意念，避免自杀行为的发生。所以，应建立自杀心理危机干预工作机构，制订自杀心理危机干预工作规划和实施方案，对突发事件及时作出重大决策和部署，对需要进行自杀心理危机干预者采取专业的干预措施。

（二）建立自杀心理危机干预便捷平台

自杀心理危机干预工作应该紧贴时代潮流的发展和现实需求，不断进行探索研究，创新改进方法手段，从而提高该工作的针对性和有效性。热线电话咨询是自杀心理危机干预的常见方式之一，可以有效降低自杀的发生率。1987年，我国在天津开设了第一部心理热线电话后，各地的"心理倾诉""午夜心语"等热线相继出现，互联网的出现突破了地域的限制，为自杀心理危机干预工作提供了广阔的发展前景，中国科学院心理研究所朱廷劭、刘兴云尝试探索一条利用微博进行自杀风险识别和干预的新途径。由热线电话和网络系统平台共同构成的自杀心理危机干预便捷平台，可以提供自杀心理危机干预和心理救助服务，能够在一定程度上有效遏制自杀事件的发生。

（三）建立自杀心理危机干预运行机制

习近平总书记在中央政法工作会议上强调："要健全社会心理服务体系和疏导机制、危机干预机制，塑造自尊自信、理性平和、亲善友爱的社会心态。"[①]

---

① 2019年1月15日—16日，习近平出席中央政法工作会议并发表重要讲话。

健全自杀心理危机干预工作运行机制需要从预防、监控、干预、转介、善后、问责六个方面出发。预防就是要定期进行预防自杀专题教育，对人们的心理情况及时进行分析摸排，努力做到早发现、早防范。监控就是尽可能多地收集"问题人员"的相关信息，对重点人员进行跟踪管控，为下一步干预奠定基础。干预就是危机干预工作者根据自杀心理危机干预应急预案，对有自杀倾向者采取有效的干预措施。通过自杀心理危机干预后情况仍没有好转者应及时转诊治疗，即转介，这就需要与驻地医院和相关专业机构建立良好的联络关系。善后就是在自杀危机过去之后，借助团体辅导和相关干预技术对经历自杀事件者进行干预，帮助其尽快恢复心理平衡，尽可能减小自杀事件造成的负性影响，防止发生"维特效应"[①]。问责就是对因失职、渎职造成自杀事件发生的主要责任人进行严肃查处追责；对积极开展预防自杀工作扎实有效，及时发现并制止自杀行为，挽救生命的单位和个人酌情给予奖励。只有不断健全横向互动、纵向到底的自杀心理危机干预运行机制，干预工作才能取得实效。

---

① "维特效应"是指自杀模仿现象。

实践应用篇

第八章

对抑郁症患者的自杀危机干预

抑郁症有较高的致死性和致残性,根据世界卫生组织最新发布的数据显示,全球有大约 3.5 亿人与抑郁症为伴,患病率约为 4.4%。随着社会的发展,人们工作、学习和生活压力不断增大,抑郁症的发病率还在不断增加。抑郁症是最常见、最重要的与自杀关联最为密切的精神障碍,绝大多数自杀的人在自杀前都有不同程度的抑郁症。据美国资料统计,抑郁症的年自杀率为 85.3%,约为普通人群年自杀率(11.2%)的 8 倍,有过自杀意念的人群数量是真正实施自杀者数量的 20 倍,抑郁症自杀风险性非常高。在自杀事件中,因患有抑郁症导致自杀所占的比重越来越大,那么抑郁症到底是什么,怎么识别抑郁症,抑郁症为什么会与自杀如影随形,我们需要科学认识抑郁症。

一、科学认识抑郁症

抑郁症又称抑郁障碍,是由各种原因引起的以显著而持久的心境低落为主要症状的心境障碍或情感性障碍。其主要表现为情绪低落、兴趣减低、悲观、思维迟缓、缺乏主动性、自责自罪、饮食、睡眠障碍,担心自己患有各种疾病,感到全身多处不适。抑郁症严重困扰患者的生活和工作,给家庭和社会带来了沉重的负担,严重者可出现幻觉、妄想等精神病性症状,甚至悲观厌世,可出现自杀念头和行为。每次发作持续至少 2 周以上,长者甚至持续数年;多数病例有反复发作的倾向,每次发作大多数可以缓解,部分可有残留症状或转为慢性。

（一）抑郁症不仅仅是不高兴

抑郁，顾名思义，就是不高兴。抑郁症听着就是"很不高兴"的病，但抑郁症并不是不高兴这么简单，更确切地说应该是"压抑而至绝望"的病，已经影响正常生活、工作、学习。有学者认为，导致这种病的不仅仅是情绪低落，而是大脑已经产生了一系列结构和化学变化。

和一时闹情绪的人不同，抑郁症患者由于其大脑内某些中枢神经递质，如5-羟色胺、去甲肾上腺素等的水平或功能降低，造成大脑精神活动的抑制，抑郁症患者部分脑区的大脑灰质体积下降，大脑海马体、杏仁核、背内侧前额叶皮质的灰质密度明显下降。患者表现为认知功能短暂性损害，如出现记忆力下降、注意力缓慢、思维联想迟缓等，这些脑部变化在磁共振检查中都可以显现，就像交通信号灯一样，红灯关不上，绿灯打不开。于是，患者失去正常判断，屏蔽正性信号正性思维，清晰的思维、计划力和判断力也随之丧失。由此可见，抑郁症不仅仅是不高兴那么简单。

（二）抑郁症患者的痛苦体验

李兰妮写过一本《旷野无人》，这本书是她自己在与抑郁症斗争了五年，其间几败几战，几度停顿，几度重拾写作，终于完成了关于与抑郁症抗争的记录：你常常感觉周边空无一人，只有内心的痛苦充斥自己体内。即便你身居闹市，可是因为抑郁症，你还是会感觉自己孤独无助。在这个过程中哪怕你亲友俱全，可你依旧感觉处于旷野无人之境。

抑郁症像一张无形的网，从一个点慢慢延伸，直到吞噬患者的身体知觉及全部精神世界，似乎"掉进万丈深渊"而"无法自拔"。它的痛苦就类似"零刀子割肉"，感受刀一刀一刀把自己身上的肉割去了，但又不会死，甚至也不会痛。最痛苦的是"生不如死"，或者"生也不得，死也不得"。

最开始影响的是患者的睡眠意识。从深度睡眠将患者拉回来，患者出现想睡而不能睡的状态。一般，一半以上的抑郁症患者会出现顽固性睡眠障碍，主要表现的症状有入睡困难、早醒、睡眠节奏混乱、睡眠浅等。与此同时，还伴随其他肉体折磨，如食欲递减、体重下降、便秘、乏力、不修边幅等，严重的患者还会出现自残的现象。

从抑郁症发展的几个阶段，了解每个阶段的痛苦程度和特点，可以帮助我们更加了解抑郁症患者的心理历程和心理的痛苦水平。

1. 第一阶段：无力感

当一个人遇到了障碍、困难，又找不到好的办法解决，还不能逃避、不能不往前走、不能不面对。可是当人面对不了，却又不得不面对时，就会产生无力感，无力感如果长时间没有很好地化解，就会上升到第二阶段。

2. 第二阶段：倦怠感

倦怠感包含人的心理状态和心境状态，是人对事物不反应或者反应不快速了，有放弃的念头。如果感受不到自己的痛苦了、彻底绝望了、不抱希望了、真正悲观了，这时就上升到了第三阶段。

3. 第三阶段：习得性无助

习得性无助是经济心理学一个很专业的术语，是美国心理学家赛里格曼1967年在研究动物时提出来的。他用狗做了一项经典的实验，起初他把狗关在笼子里，只要蜂鸣器一响，就对狗进行难以承受的电击，这只狗关在笼子里逃也逃不了、跑也跑不掉；多次实验之后，又采取只让蜂鸣器响，不给电击，在给电击之前打开了笼子，此时狗不但不跑，而且电击还没有到它身上，它就先倒在地上了，边倒在地上边开始呻吟和颤抖，像被电击过一样。它本来可以主动逃跑的，却绝望地等待着痛苦的来临，这就是习得性无助。

当人倦怠久了，面对现实困难，就会真的无能为力，产生习得性无助，形成一种"无论我怎么做，我都不可能改变，无论我怎么努力，都不可能改变现实"这样一种观念，这种观念深深地植入他的思想和人格里面。就像那只狗一样，它已经坚定地相信，它不可能改变命运了，于是绝望了，完全放弃了。时间长了，人的心境就会低落，这样的状态就称为抑郁。

从第一阶段来看，人们非常痛苦，但是不放弃、产生无力感；第二阶段人们非常痛苦，假装放弃，就不痛苦了；第三阶段人们完全放弃、绝望了，这才是人们真正的痛苦，但是人们不知道自己痛苦。

4. 第四阶段：长期在抑郁中，又开始痛苦了

整个过程的痛苦伴随沮丧、失落的情绪，到了抑郁状态，抑郁状态是可以通过自己的身体功能、自己的心理、自己的外部变化恢复的。但抑郁状态如果维持一个月以上没有恢复，则会转变成抑郁症。

抑郁症的每个阶段都非常痛苦，有时候人们知道自己是非常痛苦的；有时候是不接受痛苦的；有时候又假装不痛苦；有时候又完全认为不痛苦。这时，抑郁症患者已经发生精神和生物性的病变了。

（三）抑郁情绪与抑郁症的区别

抑郁是一种很常见的情绪状态，是人之常情。人们遇到精神压力、生活挫折、痛苦的境遇或生老病死等情况时，心中难免生出不快，出现消极的情绪，尤其是抑郁情绪。抑郁情绪是人们在面对不良事件刺激下的消极反应，这种情绪的特点是短暂、即时，不会持续很久，更不会影响生理健康。

抑郁症也是以情绪抑郁为主要表现的一种精神疾病，是一种病理性的抑郁障碍。这种疾病的特征是以持久的心境低落为主要标志，患者会出现与所处环境不相称的心情低落，常常有痛不欲生、悲观厌世、对什么事情都提不起兴趣的特点，喜欢谈论死亡甚至自杀，并且 85% 以上的抑郁症患者都有过自杀倾向或是行为。

可以从以下两个方面区别抑郁情绪与抑郁症。

1. 正常人的抑郁情绪特点

（1）正常的抑郁情绪是基于一定的客观事物为背景的，即事出有因。有客观不良的生活事件存在，在这生活事件刺激之后产生情绪低落，用生活事件性质可以解释其情绪低落的发生。

（2）正常人的情绪变化有一定的时限性，通常是短期性的，如数小时、数天，可以通过自我调适缓解。

（3）抑郁情绪低落不是天天如此，更不是时时刻刻如此。

（4）经亲朋好友安慰劝解，抑郁情绪可以好转。

（5）变换环境，如外出旅游、逛公园或遇到高兴之事，可以冲淡不愉快的心情，或使心情高兴起来，或随生活事件的消失而情绪好转。

（6）一般随时间的迁移，不快乐的情绪也日益淡化。

（7）一般不影响工作、生活、学习和人际交往。

（8）无抑郁症发作的其他症状，如认知障碍、躯体障碍等。

2．抑郁症的特点

（1）抑郁症通常是无缘无故的产生，缺乏客观精神刺激的条件，可以在身处顺境，无客观不良生活事件作用的情况下发生，令家人亲友百思不得其解，甚至患者自己也找不出原因，感到莫名其妙就心情不好、情绪低落。

（2）有些抑郁症发作之前，可以有社会心理生活事件发生，但这种生活事件与其抑郁的发生并无明显的因果关系，并且情绪不因生活事件的消除而好转。

（3）抑郁症通常是持续存在，几乎天天如此，往往持续数周、数月，有的可长达数年，症状还会逐渐加重恶化，甚至不治疗难以自行缓解。

（4）一般安慰、劝解、疏导或改变环境均难以改善其抑郁情绪。

（5）在抑郁情绪低落期间，高兴之事不能使其情绪得到改善，并不因高兴之事而高兴，感到高兴不起来。

（6）抑郁情绪随着时间的迁延，并不淡化，反而日益加重。

（7）抑郁症程度严重，不但会影响到工作、学习、生活和人际交往，甚至还严重影响自身社会功能的发挥，导致自己无法适应社会，更有甚者可能产生消极自杀的言行。

（8）抑郁症除了会出现抑郁情绪，还会出现一些躯体症状，其中包括睡眠紊乱、乏力和精力减退、食欲下降、性功能减退、体重下降、便秘等非特异性躯体症状，但检查又无异常。

（9）抑郁症的发生，有其病理生化代谢的基础。

（10）部分抑郁症（内源性抑郁症）的情绪低落有节律性症状特征，有晨重夜轻节律的变化，这种变化有其生化代谢基础。许多患者常说，每天清晨时心境特别恶劣，痛苦不堪，因而不少患者在此时常有自杀的念头。下午 3 时至 4 时以后，患者的心境逐渐好转。到了傍晚，似乎感到没有问题了，次晨又陷入病态忧郁的难熬时光。而外源性原发性抑郁症，则往往早上情绪好些，下午尤其是晚上重些。

（11）抑郁症可反复发作，可能会出现短暂性的好转，但受到相同的刺激又会触发患病机制。每次发作的基本症状大致相似，多反复发作。

（12）抑郁症的家族中常有精神病史或类似的情感障碍发作史。

（四）抑郁症的症状表现

抑郁症的典型症状包括情绪低落、思维反应迟缓和意志行为减退，习惯称"三低"症状，其中以情绪低落最为重要。同时伴随认知功能损害、躯体症状等。

1. 情绪低落

这种症状主要表现为显著而持久的情感低落、抑郁悲观。轻者闷闷不乐、无愉快感、对周围一切事物都失去兴趣，重者痛不欲生、悲观绝望、度日如年、生不如死，典型患者的抑郁心境有晨重夜轻的节律变化。在情绪低落的基础上，患者会出现自尊心下降，自我评价过低，产生无用感、无望感、无助感和无价值感，否定自己已经取得的成绩，否定自己的优点，看到的只是自己的缺点不足，认为自己处处不如他人，感觉自己无能，学习、工作、生活样样不如人。自信心下降，认为自己什么都干不好，或没有能力做好工作、学习、社交活动。遇事退缩、宁推不揽，有自责自罪观念，认为自己活在世上对社会和家人无所贡献，还给别人增加负担，还是死了好；或者认为自己罪大该以死谢罪，严重者出现罪恶妄想和疑病妄想，部分患者可出现幻觉。

2. 思维反应迟缓

这种症状主要表现为思维联想速度缓慢、反应迟钝、思路闭塞，自觉"脑子好像是生了锈的机器""脑子像涂了一层糨糊一样"，主动言语减少、语速明显减慢、声音低沉，思考问题困难，严重者交流无法顺利进行。

3. 意志行为减退

这种症状主要表现为患者意志活动呈显著持久的抑制，表现为行为缓慢，生活被动、懒散，不想做事，不愿和周围人接触交往，常独坐一旁，或整日卧床，闭门独居、疏远亲友、回避社交。严重时连吃喝等生理需要和个人卫生都不顾，蓬头垢面、不修边幅，甚至发展为不语、不动、不食，称为抑郁性木僵，但仔细进行精神检查，患者仍流露出痛苦抑郁情绪。伴有焦虑的患者，可有坐立不安、手指抓握、搓手顿足或踱来踱去等症状，严重的患者常伴有消极自杀的观念或行为。消极悲观的思想及自责自罪、缺乏自信心可萌发绝望的念头，认为"结束自己的生命是一种解脱""自己活在世上是多余的人"，最危险的是反复出现自杀企图和行为。

4. 认知功能损害

这种症状主要表现为记忆力下降、注意力障碍、反应时间延长、警觉性增高、抽象思维能力差、学习困难、语言流畅性差、空间知觉、眼手协调及思维灵活性等能力减退。认知功能损害导致患者社会功能障碍，而且影响患者远期愈后。

5. 躯体症状

多数患者伴有睡眠障碍、食欲减退或增加、消化功能不良、体重减轻或增重、口干、便秘、性欲减退及各种各样的躯体不适感，如疲惫、心慌、胸闷、憋气、恶心等，自主神经功能失调的症状也较常见。睡眠障碍主要表现为早醒，一般比平时早醒 2～3 小时，醒后不能再入睡，这对抑郁发作具有特征性意义。有的患者表现为入睡困难，睡眠不深；少数患者表现为睡眠过多。体重减轻与食欲减退不一定成比例，少数患者可出现食欲增强、体重增加。

6. 死亡的念头反复出现

当以上症状都出现的时候，失去"生命力"，人很难再对生命有留恋。

7. 持续两周以上

倘若出现以上很多症状，每天如此，持续超过两周，请一定寻求专业的帮助。

抑郁情绪和抑郁症有着显著的区别，不能混为一谈。不能把抑郁情绪轻易贴上抑郁症的标签，这是一个严重的误区，而且危害甚大。就大多数人而言，他们在工作、学习和生活等方面，会遇到各种各样的挫折和困难，会产生悲伤、痛苦、失落等情绪。通常，由这些现实事件引起的负性情绪是正常的、短暂的，有的甚至有利于自我成长。但如果不了解抑郁情绪和抑郁症的区别，随意拖延抑郁情绪或自暴自弃等，就会使自己深陷抑郁症的"黑洞"难以自拔，严重的会造成自残、自伤、自杀甚至攻击、伤害他人的不良后果。

（五）抑郁症自杀的发病机制

虽然不是每个抑郁症患者都轻视生命，但确实有许多患者在病情严重时会产生自杀意念，并进而导致自杀行为。抑郁症患者的发病机制是影响其自杀的重要因素。

1. 生理因素

1）生化因素

人体内生化系统（如大脑中脑神经递质及并存于脑和脊髓内的物质等）的不平衡，即生化分子的分泌过量或过少，大脑突触间隙神经递质 5-羟色胺和去甲肾上腺素的浓度下降等会引发抑郁症。导致这种不平衡的原因有可能是编码这些分子或者分子受体的基因异常；也可能是外界原因引发的，如药物、极度紊乱的作息、强烈长久的压力反应等。人体内的化学分子含量变化都有一定的阈值，并且很多都相互影响相互制约，构成了一个平衡网络，称为内稳态。抑郁症的很多症状更多是这种内稳态被破坏所引发的，而内稳态一旦被破坏，很难恢复到原来的平衡状态。通过服用抗抑郁药物能够有效提高或降低相应化学分子的水平，但若是内稳态无法得到恢复，停药之后会很快陷入混乱状态。内稳态被破坏常常还伴有内分泌系统的失衡。

2）大脑的器质性和功能性变化

抑郁症的发生也和大脑的器质性和功能性变化有关。例如，与记忆相关的海马体的神经元和胶质细胞减少，负责控制高级认知的前额叶区域神经元体积减小，脑区之间的功能性连接减弱等都有关联。

3）糖皮质激素

糖皮质激素是一种压力激素。当一个人感觉到压力时，大脑丘脑下部区域一个小小的回路会释放这种激素，将身体置于高度警觉状态。糖皮质激素浓度越高，说明危险和压力越大。所以，如果一个人一方面面对巨大的压力源，另一方面还在脑子里反复思量纠结这件事情，最终很可能陷入不可控制的抑郁深渊。

4）遗传因素

抑郁症的发生与遗传有密切的关系，亲属同病率远高于一般人群，并且血缘关系越近发病一致率越高，一级亲属患病的概率远高于其他亲属。在对抑郁症患者的调查中发现，超过 40%的患者有遗传倾向，如果一个人的一级亲属（父母、子女及兄弟姐妹）中有重症抑郁症患者，他的患病率会比没有患抑郁症亲属的人群高 1.5%～3%。另外，拥有 5-羟色胺转运体基因、神经生长因子基因等这些与抑郁相关基因突变体的人也更容易患抑郁症。

2. 心理因素

1）人格因素

每个人受到外界事件的影响都不同，有些人的思维模式决定他/她将如何体验生活，也可能决定他/她是否会抑郁。对待同一种事物不同的认知态度是影响他/她是否会抑郁的一个很重要的因素；而且性格，也是影响人是否会抑郁的一个很重要的因素。抑郁易感群体具备如下的性格特点：追求完美，好胜；过于敏感，别人无意中的一个眼神、一句话语、一个肢体语言，会让他们反复揣测，并且往往从负性方面考虑，最后解释成威胁和敌意，然后越想越烦恼、生气、恐惧。这些性格特点，容易让自己产生单向负性思维，倾向把小挫折灾难化。这种状态又加强了自我怀疑，造成恶性循环，使人感到抑郁和挫败，这对人体内的内分泌平衡和内稳态也有较大的影响。

2）悲观情绪

抑郁症患者的情绪是消极悲观的，消极地看待自我、自己的经验及自己的未来。他们觉得自己没有能力应付生活中的一切问题，因而产生高度的无助感和绝望感。绝望感是对未来所持有的消极观念、消极期待和悲观沮丧，当绝望达到一定程度的时候，就会使人丧失活下去的希望和勇气，出现自杀行为。

3）自我评价过低

抑郁症患者经常自我否定，低自尊，感到自己无能，看不到"出路"，有强烈的罪恶感、自责感和不安全感。自责、自罪对人的心理结构具有非常强的破坏性，它构成一种内在惩罚机制，对自身进行谴责和制裁，抑郁症患者的压抑、自卑、自我评价降低、活力下降多源于此。抑郁症患者往往认为自己给身边的人带来很多麻烦和痛苦，当这种负罪感强烈到一定程度的时候，患者就会产生"只有自己离开了这个世界，才不会拖累周围的人，才能够解除家人的负担，自己也才能够结束痛苦"的想法，于是出现自杀倾向和自杀行为。

4）非理性认知模式

自杀干预研究发现，自杀者在待人接物、处理问题时，常常存在非理性认知模式：认识范围比较狭窄，倾向于采取非此即彼和以偏概全的思维方式，以黑白、对错、好坏的简单二分方式来分析遇到的问题，看不到解决问题的多种途径，遇到挫折和困难总认为是客观原因造成的，是自己运气不好，认为问题是无法解决的、是不可避免的，缺乏决断力、犹豫不决、没有主见；同时行为又具有冲动性，缺乏积极解决问题的态度和方法，因此会悲观厌世，把自杀当作解决问题的唯一手段。正是这种非理性认知模式，把患者推到了自杀的边缘。

5）童年心理创伤经历

童年心理创伤经历往往会构成成年期发生抑郁障碍的重要危险因素，成长关键期的经历也对成年后的抑郁障碍或者抑郁症发作有着重要影响。G. Katharina 等人对幼年经历过创伤事件的成年小鼠进行研究，发现在经历创伤事件之后，小鼠行为发生了显著的改变。它们在一定程度上丧失了对开阔空间和强光的反感，并且出现类似抑郁症的行为，还能通过精子传递给小鼠的下一代，尽管这些后代并没有亲身经历任何创伤事件，这个研究相对验证了弗洛伊德的理念。从这个角度看，心理创伤也可以是易感人格的成分之一。这些负性早年体验，会让人一点点地产生自我攻击的防御模式，即在感到受伤又想不到解决方法的时候，潜意识里会用各种方式来保护自己。而抑郁症患者多是自我攻击型人格，一些负性体验无法通过合理的悲伤和愤怒表达出去，所以只能转而朝向自己。可能很多人在儿时都经历过这样的体验，我们明明受到委屈，家长却告诉我们："你不能哭，要坚强。"这样的思想深深根植于自己的潜意识中，就会慢慢形成自我攻击型人格，核心信念就是"什么都是我的错，我需要为此负责"。自我攻击的表现形式就是自杀、自残。

3．社会因素

1）社会变迁

社会变迁会反映在生活中的方方面面，包括政治、宗教、生活习俗、文化、语言等，如城市化进程导致经济收入与负担失衡，独生子女导致家庭人口结构变化，随之而来的心理落差无法在短时间内适应。

2）社会压力

社会压力源有很多方面，如经济、家庭、精神、任务、生活、情感等。在所有的压力中，最危险的是无能为力的感觉，即对一件事情没有控制感，不知道情况会有多糟糕，痛苦将持续多长时间，挫折没有发泄的出口，这些都可能成为自杀的导火索。

3）重大生活事件

生活中凡是能造成强大精神压力、严重精神创伤或不愉快的情感体验等的事件都可能成为导致抑郁的因素。尤其是当事件过于重大或长期持续频繁出现时，引起不愉快的情绪体验就越强烈、越持久，个体正常的适应机制就越会受到威胁，引起各种情绪与冲突，进而导致抑郁。另外，有些抑郁症患者本来只是轻度抑郁，并没有自杀的念头，但是生活中突发的重大事件，如亲人死亡或失恋等情况，会雪上加霜，给他们以沉重的打击，是导致抑郁症的直接因素，从而使患者产生冲动性自杀。

4）社会支持系统

社会支持系统指除家庭成员之外的亲戚、朋友、同事等的支持系统。抑郁症患者通常自我封闭，不愿与人交往，缺乏人际支持，当患病后，很难找到值得信赖的人倾诉，抑郁情绪长期隐藏于内心得不到发泄，出现大量的不良情绪和不良认知，这都可能成为自杀的诱因。

4．躯体疾病

躯体疾病也有可能导致抑郁症的发生，尤其是慢性中枢神经系统疾病或其他慢性病，如恶性肿瘤、代谢性疾病和内分泌疾病（如糖尿病）、心血管疾病（如冠状动脉粥样硬化性心脏病和风湿性心脏病等）、神经系统疾病（如帕金森病、癫痫等）。当被病魔缠身治疗无望时，患者会产生自杀的念头和行为。

5. 精神活性物质的滥用和依赖

精神活性物质的滥用和依赖都可成为抑郁症的危险因素，这些物质包括鸦片类物质（如海洛因、吗啡）、中枢兴奋剂（如咖啡因、可卡因）、致幻剂（如仙人掌毒素）、酒精、镇静催眠药物等。尤其是酗酒，调查发现，长期饮酒者有50%或以上的个体有抑郁倾向。

6. 药物

药物也会引发抑郁症。某些抗精神病药物（如氯丙嗪）、抗癫痫药物（如丙戊酸钠、苯妥英钠）、抗结核药物（如异烟肼）、降压药（如可乐定、利血平）、抗帕金森病药物（如左旋多巴）、糖皮质激素（如泼尼松）等，这些药物在使用常规治疗量时，就可能造成部分患者出现抑郁症，或使原有的抑郁症状加重。

由此不难看出，抑郁症有相当多的危险因素，而值得注意的是，这些危险因素在许多情况下是共同发挥作用的。尤其是每增加一个危险因素，患病概率就会有显著增高。抑郁症患者自杀是多种危险因素交互作用的结果，抑郁发作次数越多，自杀的风险越高。

（六）抑郁症的诊断

抑郁症有多种形式，持续两个星期或更长时间的重度抑郁发作可被诊断为抑郁症。抑郁症的诊断要求患者体验到抑郁心境或对日常活动失去兴趣，以及至少还有四种其他抑郁症状，并持续至少两周，详见《精神障碍诊断与统计手册（第五版）》（DSM-V）中对抑郁症的诊断标准。而且，这些症状的严重程度必须达到明显影响患者在日常生活中的社会功能。

对丧亲等负性事件的"正常和预期的"抑郁反应不应被诊断为抑郁症，除非出现其他非典型症状，包括无价值感、自杀的念头、精神运动性迟滞和严重损害。此外，研究显示有 10%～15%的丧亲者会产生复杂哀伤综合征，表现为强烈思念逝者，丧亲之痛盘踞心头，持续为自己或他人对逝者的行为感到悔恨，无法接受丧亲的既成事实，感到生命空虚、没有意义。相比哀伤反应较轻或只表现出抑郁症状的人，丧亲后出现复杂哀伤的人更可能在丧亲后的 2～3 年内有功能不良问题。

慢性抑郁的形式在 DSM-Ⅴ 中有所修订。抑郁心境是持续性抑郁障碍（DSM-Ⅳ中的恶劣心境障碍和慢性抑郁症）的主要特征，患者一天中的大部分时间都处于抑郁心境中，并且在至少两年时间里，抑郁的天数多于不抑郁的天数。此外，该障碍的诊断还要求出现两个以上下列症状：①食欲不振；②失眠或睡眠过多；③精力不足或疲倦；④低自尊；⑤注意力难以集中、无望感。在这两年中，个体没有抑郁症状的时间不能持续两个月以上。当个体在两年内都符合抑郁症的诊断标准时，也会被诊断为持续性抑郁障碍。DSM-Ⅴ 合并了 DSM-Ⅳ中的恶劣心境障碍和慢性抑郁症，因为尽管 DSM-Ⅳ认为恶劣心境障碍是一种不太严重的抑郁形式，但研究并未发现这两种障碍存在重大差异。实际上，与只有抑郁症的人相比，有持续性抑郁障碍的人会显示出更高的共病（同时出现）风险，尤其是焦虑和物质滥用障碍，并且倾向于产生更严重的功能不良。

DSM-Ⅴ 中对抑郁症的诊断标准[①]如下：

A. 在同样的两周时期内，出现五个或以上的下列症状，表现出与以前功能相比不同的变化，其中至少一项是心境抑郁或丧失兴趣与愉悦感。

（1）几乎每天大部分时间都心境抑郁，既可以是主观感受（如感到悲伤、空虚、无望），也可以是他人的观察（如表现流泪）。

（2）几乎每天或每天的大部分时间，对于所有或几乎所有活动的兴趣或乐趣都明显减少（既可以是主观体验，也可以是观察所见）。

（3）在未节食的情况下，体重明显减轻或体重明显增加（如一个月内体重变化超过原体重的 5%），或几乎每天食欲都减退或增加。

（4）几乎每天都失眠或睡眠过多。

---

① 资料来源：*The Diagnostic and Statistical Manual of Mental Disorders*, Fifth Edition. Copyright © 2013 American Psychiatric Association.

（5）几乎每天都精神亢奋或迟钝（由他人观察所见，而不仅仅是主观体验到的坐立不安或迟钝）。

（6）几乎每天都疲劳或精力不足。

（7）几乎每天都感到自己毫无价值，或过分地、不恰当地感到内疚（可以达到妄想的程度），并不仅仅是因为患病而自责或内疚。

（8）几乎每天都存在思考或注意力集中的能力减退，或者犹豫不决（既可以是主观的体验，也可以是他人的观察）。

（9）反复出现死亡的想法（而不仅仅是恐惧死亡），反复出现没有特定计划的自杀意念，或有某种自杀企图，或有某种实施自杀的特定计划。

B. 这些症状引起有临床意义的痛苦，或导致社交、职业或其他重要功能方面的损害。

C. 这些症状不能归因于某种物质的生理效应或其他躯体疾病。

注：诊断标准 A～C 构成了重性抑郁发作。

注：对于重大丧失（如丧亲、经济损失、自然灾害的损失、严重的躯体疾病或伤残）的反应，可能包括诊断标准 A 所列出的症状,如强烈的悲伤、沉浸于丧失、失眠、食欲不振或体重减轻，这些症状可以类似抑郁发作。尽管此类症状对于丧失来说是可以理解或反应恰当的,但除对于重大丧失的正常反应之外，也应该仔细考虑是否还有重性抑郁发作的可能。

D. 这种重性抑郁发作的出现不能更好地用分裂情感性障碍、精神分裂症、精神分裂症障碍、妄想障碍或其他特定的或非特定的精神分裂症谱系及其他精神病性障碍来更好地解释。

E. 无躁狂发作或轻躁狂发作①。

在被诊断为抑郁症或持续性抑郁障碍的人中，超过 70% 的人在一生中的某些时候也患有另一种心理障碍。最常与抑郁共病的心理障碍包括物质滥用，如

---

① 若所有躁狂样或轻躁狂样发作都是由物质滥用所致的，或归因于其他躯体疾病的生理效应，则此排除条款不适用。

酗酒；焦虑障碍，如惊恐障碍；进食障碍。有时，抑郁障碍先出现，再导致其他心理障碍。其他时候，抑郁在其他心理障碍之后发生，可能是其结果。

DSM-V确定了抑郁的几个亚型，也就是该障碍的不同表现形式。第一个亚型是伴焦虑痛苦的抑郁，焦虑在抑郁障碍中非常普遍，并且具有该亚型的人在抑郁症状之外还具有明显的焦虑症状。第二个亚型是伴混合特征的抑郁，具有该亚型的人符合抑郁症的诊断标准，并出现至少三种躁狂症状，但没有达到躁狂发作的全部标准。第三个亚型是伴忧郁特征的抑郁，其中抑郁的生理症状特别突出。第四个亚型是伴精神病性特征的抑郁，具有该亚型的人出现妄想和幻觉。妄想和幻觉的内容可能与典型的抑郁特征一致，如个人的无能、内疚、死亡或惩罚（心境协调），也可能与抑郁特征无关或混杂（心境不协调）。第五个亚型是伴紧张症特征的抑郁，具有该亚型的人会表现出统称为紧张症的奇怪行为，范围从完全不动到亢奋。第六个亚型是伴非典型特征的抑郁，其诊断标准为各种古怪症状的集合。第七个亚型是伴季节性模式的抑郁，也称为季节性情感障碍。具有季节性情感障碍的人至少有两年经历重性抑郁发作，并完全康复的历史。当日照时间短时，他们出现抑郁症状，日照时间延长后又恢复正常。在北半球，这意味着患者会在11月至2月表现出抑郁，在6月至8月则不会表现出抑郁。事实上，一些患者在夏季会出现轻度的躁狂症状，甚至完全的躁狂发作，因此可以被诊断为患有伴季节性模式的双相障碍。季节性情感障碍的诊断要求患者的心境变化不是由社会心理事件造成的。相反，心境变化必须看起来没有理由或起因。第八个亚型是伴围生期起病的抑郁。孕期或产后四周内经历重性抑郁发作的女性被诊断为该型障碍。50%的产后重性抑郁发作实际上开始于分娩前，因此 DSM-V 把它们统称为围生期起病。更罕见的是，某些女性会发生产后躁狂，从而被诊断为伴围生期起病的双相障碍。在产后的前几周内，多达30%的产妇会经历产后忧郁——情绪多变（不稳定和迅速转换的心境）、频繁哭泣、易激惹和疲倦。对大多数产妇来说，这些症状在产后两周内就完全消失了。大约每十个人中有一个人会经历重度产后抑郁，达到伴围生期起病的抑郁症诊断标准。

二、抑郁症自杀前的征兆

抑郁症患者由于情绪低落、悲观厌世，严重时很容易产生自杀念头，并且由于患者思维逻辑基本正常，实施自杀的成功率也较高。自杀是抑郁症最危险的症状之一，据研究，抑郁症患者的自杀率比一般人群高 20 倍。社会自杀人群中可能有一半以上是抑郁症患者，有些不明原因的自杀者可能生前已患有严重的抑郁症，只不过没被及时发现罢了。由于自杀是在疾病发展到一定严重程度时才发生的，很多抑郁症患者为了结束痛苦、受罪和困惑而产生死亡的念头和行为。

有的患者在自杀前可能会流露出以下征兆：

（1）出现饮食、睡眠障碍，经常出现彻夜难眠的现象，吃不下饭，体重突然下降或增加，往往会陷入莫名其妙的感伤之中。

（2）行为举止反常，感觉突然像变了一个人似的，还会做一些和平时不一样的动作。

（3）自我封闭，经常生活在自己的世界里，避免与他人接触。

（4）自杀计划已谋划很久，会跟自己身边的人流露出不舍的念头。

（5）有些抑郁症患者自杀前会表现出焦虑和狂躁的情绪，经常哭泣，留恋身边的人和事。

（6）消极悲观，内心十分痛苦、悲观、绝望，但还是有自己留恋的东西和放不下的感情，所以处于非常痛苦和纠结的境地。

（7）不顾及个人形象，常见的表现就是不讲个人卫生，生活如一团乱麻。

（8）与亲近的人说一些道别的话。

（9）不愿意参加集体活动，即使参加也是沉浸在自己的世界中，很少去积极融入。

（10）患者出现自我评价和自信心降低，认为自己没有本事、没有能力，有自罪观念或没有价值感，认为前途暗淡悲伤、没有未来。

当抑郁症患者出现上述征兆时，要特别注意防止出现恶性事件。

三、抑郁症的类型及症状

导致抑郁症的原因很多，因此，抑郁症的类型也有很多种。

1. 内源性抑郁症

内源性抑郁症包括单相抑郁症、双相情感障碍（既有抑郁发作，也有躁狂发作），以及与精神分裂症有关的抑郁症。单相抑郁症就是患者每天都会感到愤怒和悲伤，有明显的沮丧感而且失落，甚至会自责，这种情况会持续好几个月。双相情感障碍是抑郁和躁狂在患者身上交替出现，躁狂发作的时候，人会感到极端兴奋、充满能量、自信而无所不能、睡眠量明显减少且躁动，不管做什么事情都非常冲动，而且精力明显增加，严重时会出现幻听、幻视的症状，甚至不能觉察自己的行为。而在抑郁发作的时候，人觉得绝望、无力、无欲，自己一无是处。

2. 体因性抑郁症

各种身体和神经疾病，如心脏病、肺部疾病、内分泌代谢疾病，甚至重感冒、高热等，都可引发这类抑郁症。

3. 心因性和反应性抑郁症

心因性和反应性抑郁症即由各种精神刺激、挫折打击所导致的抑郁症。在生活中，突遇天灾人祸、失恋婚变、重病、事业挫折等，心理承受力差的人容易患心因性和反应性抑郁症，会出现情绪上的低落、头痛、疲惫和悲伤等。

4. 以学习困难为特征的抑郁症

这类抑郁症可导致学习困难、注意力涣散、记忆力下降、成绩全面下降或突然下降、厌学、恐学、逃学或拒学。

5. 药物引起的继发性抑郁症

例如，有的高血压患者，在服用降压药后，会导致情绪持续忧郁、消沉。

6．产后抑郁症及更年期抑郁症

产后抑郁症一般发生在生完孩子 6 个星期之内，一般 3～6 个月能够自行恢复，但是严重的患者可能会持续 1～2 年，患者情绪波动比较大，没有任何精神，总是因为小事而感觉到羞愧，甚至会有自杀的行为。更年期抑郁症一般发生在 50～60 岁的人群身上，对日常活动没有任何兴趣、非常悲观和失望、情绪比较低落，而且注意力不集中、入睡困难、没有任何食欲。

7．隐匿性抑郁症

隐匿性抑郁症是一种不典型的抑郁症，主要表现为反复或持续出现各种躯体不适和自主神经症状，如头疼、头晕、心悸、胸闷、气短、四肢麻木、恶心、呕吐等症状，抑郁情绪往往被躯体症状所掩盖，故又称为抑郁等位症。患者多不找精神科医生进行治疗，而去其他科室就诊。躯体检查及辅助检查往往无阳性表现，易误诊为神经症或其他躯体疾病。

8．阳光（或微笑）型抑郁症

这是一种特殊类型的抑郁症，多发生在身份高、学识好、事业有成的成功人士身上。患者尽管内心深处感到极度痛苦、压抑、忧愁和悲哀，但会把自己真正的情绪隐藏起来，只向人们展示自己阳光的一面。从表面上看，他们是非常快乐和充满激情的，所到之处犹如阳光，面带"微笑"，让周围的人灿烂快乐；但当他们一个人的时候，却有着突然收敛的笑容和心中刹那的隐痛，这种"微笑"不是发自内心深处的真实感受，而是出于"工作的需要""面子的需要"，为了维护自己的"能人""强人"的"面子"，他们不愿将这些负性情绪向人倾诉，内心深处不断积蓄痛苦、压抑、忧愁和悲哀。

9．季节性抑郁症

季节性抑郁症，顾名思义，是因为季节引起的抑郁症。而且只在固定的季节发作，往往是在冬天日照很短的时间和地区。

虽然抑郁症的种类多种多样，但都存在着自杀的风险，对抑郁症患者自杀的预防非常重要。

四、不同程度的抑郁症症状及自杀风险

虽然对抑郁症患者来说，都存在自杀的可能性，但是不同程度的抑郁症引发自杀的可能性是不一样的。有的人只是在一瞬间产生这样的想法，转眼之间这种念头又会烟消云散；有的人一旦产生了这样的想法，就会在脑子里不断地浮现出来，挥之不去；有的人产生这样的想法后就会采取实际行动。

抑郁症按患病程度不同，可以分为轻度抑郁症、中度抑郁症、重度抑郁症。

（一）轻度抑郁症的常见症状

轻度抑郁症的主要表现之一是苦中作乐，这类患者在正常的社会交往中，外人从举止言谈、仪表行为中发现不了问题，只有深入进行精神检查和心理测试，才能认定精神抑郁的实质。轻度抑郁症的具体表现如下：

1. 意志消沉

患者会比以前表现得更为意志消沉。很多时候他们感觉活在这个世界上是没有希望的，他们对于与自己无关的事物基本上没有任何兴趣，甚至对自己也是一样的。当遇到一些挫折或者困难的时候，往往表现得很软弱，可能就是提不起来精神去克服它，表现得比以前爱哭。

2. 疲劳感增加

患有轻度抑郁症的人会表现得很疲劳，昏昏欲睡，不管做任何事情都会觉得无精打采，很容易在工作的时候出现失误。

3. 精力下降

轻度抑郁症患者普遍存在顽固性失眠和心境低落、兴趣丧失及精力下降的特点，这是轻度抑郁症最为典型的表现。

4. 认知功能下降

轻度抑郁症患者伴随注意力下降、反应能力下降、思维迟缓的问题，会对正常学习和工作造成一定影响。

有研究表明，轻度抑郁症发作的早期引起自杀的可能性比较大，也就是在刚开始对患者进行治疗的时候，对患者本人来说是十分痛苦的，这时他具备自杀的力量。如果能够与患者建立相互信任关系，让患者对自己的病情有所了解，对治疗抱有期望，并且渐渐感到身体的痛苦在减轻，也可以降低患者采取自杀行为的可能性。与此相反，如果没有及时与患者进行必要的沟通，则可能发展到自杀。因此，抑郁症的早期发现和有效治疗是非常必要的，是自杀预防的重要环节。

（二）中度抑郁症的常见症状

中度抑郁症是抑郁症种类中不算太轻，但也不至于太严重的一种心理障碍。它的临床表现繁多，主要表现为情绪低落、思维迟缓、行动抑制。中度抑郁症的具体表现如下：

1. 精神运动性阻滞

精神运动性阻滞是中度抑郁症的典型表现，行动非常迟缓，患者很少有自发性动作，不愿意做任何事情，懒散无力，看起来好似浑身无力是该病的重要特征。

2. 脑功能阻滞和忧郁性认知

中度抑郁症的表现还体现在脑功能和思维效能的抑制下降。患者感到自己思维迟钝、记忆力下降、注意力涣散、认识上消极悲观和自卑、大脑效能下降，无法胜任正常工作。

3. 对事物毫无兴趣

中度抑郁症患者对外界喜怒哀乐的情境视而不见，忧郁心境占优势地位，抑郁、悲伤、失望、苦恼、意志消沉、缺乏兴趣和精力减退等负性情绪相当显著，且持久和不易变动。不管做什么事情，也不管有人在他面前做什么，基本上不会表现出热情或兴趣，即使有些许的表情，也非常勉强。不管自己以前有多么喜欢那些事情，或者是有多么喜欢和某个人在一起，此时此刻，表现出来的完全是"我没兴趣"的姿态。

4．明显的焦虑和激越

中度抑郁症患者在临床上出现明显的惊慌不安、激惹不宁、情绪焦虑，对自己产生了一种很强烈的自责感，会一直在脑海中想着自己以前做过的错事，或者是后悔过的事情，然后越想越自责，最后就想着一死了之。

在一般情况下，抑郁的严重程度与自杀的可能性成正相关。中度抑郁症患者由于病程相对较长，自杀前会考虑周密的自杀计划，最后付诸实施。

（三）重度抑郁症的常见症状

1．情绪极度悲观

患者对日常的大部分活动都已失去兴趣或乐趣，常出现内疚感和自责心理，感觉自己没有价值，常以悲观、消极忧郁为背景的妄想形式出现，如自责自罪、穷究妄想、虚无妄想、疑病或被害妄想等，甚至存在带有自我谴责内容的幻听症状。

2．严重的饮食、睡眠障碍

患者往往食欲极差，体重显著减轻，这也是重度抑郁症十分明显的症状。同时，重度抑郁症的症状还体现在顽固性睡眠障碍上，其特征是无原因的、顽固的、久治难愈的、持续时间颇长的早醒、入睡困难、睡眠浅、易惊醒、半夜醒来后无法再入睡等失眠形式。

3．行为减缓

患者的行为方式也产生了一些变化，不会积极参加活动，相反，他们尽量避免交往，将自己隐藏起来。许多以前乐于从事的活动，现在却变得令人难以忍受，因为任何事情做起来都太费力，对待他人的方式也发生了变化。自己与他人正性的交往减少，与他人的冲突不断增多，进而丧失对交往的信心。同时，患者的思维能力、注意力也会降低，这些重度抑郁症的症状，家属均可以观察到。

4．躯体症状明显

躯体方面的症状表现为乏力、消瘦、精神不振、疲劳、食欲不振、胃肠功能不好，有的时候会心慌、胸闷、气短等，对于这些患者，由于躯体方面的不适症状比较严重，所以总是感到日子过得很慢，有度日如年的感觉。

5. 自杀的念头反复出现

重度抑郁症患者，反复出现自杀、厌世的想法和行为。

抑郁症患者所处的抑郁程度越重或者病情恶化得越严重，患者的自杀风险就越大。抑郁症患者可能会在其抑郁症状开始加重时出现自杀行为，因为此时他们的绝望感增强了，其冲动性和行为的动机也增加了。一项研究发现，31%的自杀青少年在死亡前 3 个月开始出现重度抑郁症状，41%的在死亡前 6 个月开始出现症状，而 48.3%的在死亡前 12 个月开始出现症状。

（四）抑郁症康复期

抑郁症的康复期也是自杀比较危险的时期。在这个时期，由于患者精神已经稍微有了好转，与患病痛苦的时期相比，其活动能力有所增强。除非其病情突然恶化，一般也不会出现自杀倾向。但是，如果患者在这个时期不能够正确认识并且接受自己发病的现实，有病耻感，有可能增强患者的绝望感，更容易导致自杀行为的产生。

五、抑郁症的治疗及自杀预防

抑郁症一旦确诊，就需要进行规范化的诊疗，这就需要医生、家人、同事、朋友和全社会的共同配合，尽可能解除或减轻患者过重的心理负担和压力，帮助他们解决生活和工作中的实际困难及问题，提高患者的应对能力，并积极为其创造良好的环境，以防复发。同时，让越来越多的人了解抑郁症，关爱抑郁症患者及家人。抑郁症的相关知识如果像大众了解感冒一样深入人心，那么抑郁症的就诊率就会大大提高。更可以降低抑郁症患者的自杀率，避免更多悲剧的发生。

对抑郁症的治疗除药物治疗外，还有心理治疗、物理治疗、运动治疗、食物治疗、阳光治疗、音乐治疗、人际治疗等多种综合治疗方法。

（一）药物治疗

药物治疗是临床上对于抑郁症治疗使用比较多的一种治疗方法，其主要特点是起效快，比较适合中度、重度的抑郁症患者。因为抑郁症成因中有一条很重要的生理因素，即脑神经递质，大脑的神经递质最主要的是5-羟色胺、去甲肾上腺素和多巴胺三种。5-羟色胺掌管情感、欲望、意志；去甲肾上腺素提供生命动力；多巴胺传递快乐。研究发现，这三种物质分泌紊乱会使人的情绪发生障碍，会导致抑郁、焦虑、强迫、双相障碍等精神疾病的发生，所以药物治疗尤其关键。

1. 药物的选择

目前大多数抗抑郁药物都是用来改变脑部神经化学物质的不平衡，包括抗抑郁剂、镇静剂、安眠药、抗精神病药物。例如，选择性5-羟色胺再摄取抑制剂（SSRIs）、5-羟色胺及去甲肾上腺素再摄取抑制剂（SNRIs）用于抑制神经元对相应神经递质的再摄取，单胺氧化酶抑制剂（MAOIs）则用于减缓这些神经递质的分解，从而增加这些神经递质在突触间隙中的浓度，可以有效缓解患者抑郁的心境，对于抑郁症有比较好的治疗效果。

2. 疗程和剂量

治疗的成功除正确诊断、合理选择药物外，疗程和剂量也至关重要。常见的错误在于对抑郁症的复发和自杀危险性认识不够，因此常常剂量低、疗程短。

抑郁症治疗可分为以下三个阶段（三期治疗）：

（1）以控制症状为目标的急性治疗期，使用足够剂量直至症状消失。

（2）以巩固疗效，避免病情反复为目标的继续治疗期；症状消失后至完全康复，需要4～9个月，如未完全恢复，则病情易反复。

（3）以防止复发为目标的预防性治疗期。后两期不易截然分开，常统称为维持治疗。一般认为下列情况需要维持治疗：

①三次或三次以上抑郁发作者。

②既往两次发作，如首次发作年龄小于 20 岁；三年内出现两次严重发作，或一年内频繁发作两次和有阳性家族史者。维持时间长短和剂量需要视发作次数及严重程度而定。

3．中药治疗

中药治疗是采用纯天然中草药制剂，从内部进行调理，把神经系统里的毒素排出抑郁症患者体外，达到疏肝清热、泻火祛痰、补血养心、安神醒脑的功效。

4．正确对待药物治疗

采用药物治疗是针对已经患上抑郁症的人。在没有确认病情前，不要自主服药。一定要在医生的指导下使用，否则只会起到相反的效果。服药过程中，要密切注意患者对药物的不良反应，抑郁症患者经常需要长期维持用药，以巩固疗效，防止复发。如果没有发现特殊的情况，绝对不能自行停药或随意增减药量。

（二）心理治疗

对抑郁症的治疗不能只依赖药物，要辅以心理治疗。特别是对于轻度抑郁症患者而言，一般不会首先考虑药物治疗，而是以心理治疗为主。心理治疗也是独立于药物治疗以外或者与药物治疗配合使用的方法，其原理就是直接向患者的认知偏见出击，是通过心理医生与患者进行沟通来化解患者心中的抑郁、焦虑情绪，改变不适当的认知或思考习惯、行为习惯，从而起到一定的治疗效果。况且，药物可以缓解抑郁症状，但停药后相当一部分患者仍会复发，或今后的生活中遇到挫折时又会出现抑郁。所以说，对于抑郁症患者来说，清楚了解抑郁症的心理治疗方法，可以对自身病情的稳定起到非常大的促进作用。对于抑郁症患者可采用的心理治疗种类较多，常用的主要有支持性心理治疗、认知行为治疗、冥想放松治疗及森田疗法等。

1．支持性心理治疗

针对抑郁症的治疗，首先尝试采用支持性心理治疗。该疗法主要是在心理医生的引导下，认真倾听患者的心声，同时可采用解释、保证、疏泄、鼓励和支持等技术手段来治疗，从而让患者敞开心扉，逐渐接受自己。

2. 认知行为治疗

认知行为治疗适用于急性期过后的患者或轻度抑郁症患者。其基本原理是抑郁患者对自我、周围世界和未来的负性认知。由于认知上存在偏差，无论对正性事件、负性事件都以消极的态度看待。治疗目的在于帮助个体认识到自己消极的思维模式和行为，并矫正抑郁思维，帮助患者重建认知，矫正偏见。其中包括对既往经历的错误解释，也包括对将来前途的错误预测，帮助抑郁症患者澄清一些问题，纠正他们错误的假设，用积极的思维模式和行为进行代替，从而改善抑郁症状。

3. 冥想放松治疗

冥想放松已经被广泛应用到心理治疗中，抑郁症患者可以通过自己全身心的平静、放松和愉悦，适当地进行冥想，可以减少紧张、焦虑等负性情绪，有规律地练习冥想会增强抑郁症患者的意识，有助于治疗。

4. 森田疗法

森田疗法由日本人森田正马创立，其核心理念是顺其自然，为所当为。他以自己的生活经历和心理体验创造了一份行之有效的生活准则。森田对心理上的各种苦恼症状提出"顺其自然"的态度。人应当接纳自己的状态，尽量与症状共存，以顺应生存本能对自我的保护，而不必过分苛求自己，森田把这种心态称为"顺其自然"。森田提出的"为所当为"的行动准则，即静下心来，做对自己有意义的事情。打破精神交互作用，消除心理冲突。

（三）物理治疗

物理治疗是通过一些方式刺激去甲肾上腺素的分泌，增强细胞的活动兴奋性，缓解抑郁症症状。

1. 电痉挛疗法

对于很多重度抑郁症患者，药物无法改善其症状，心理治疗也无法消除其消极思维，这时就只能采取一种较为激烈，但却非常有效的治疗方法——电痉挛疗法（Electric Convulsive Therapy，ECT）。电痉挛疗法又称电休克治疗，是以一定量的电流通过大脑，引起意识丧失和痉挛发作，从而达到治疗目的的一种方法。大量的临床研究和观察证实，电痉挛疗法是一种非常有效的对症治疗方法，它能使病情迅速得到缓解，有效率高达 70%～90%。然而电痉挛疗法的禁忌也比较多，如不能对老人和小孩使用，患者不能有脑器质性疾病、心血管疾病或呼吸性疾病等，并且治疗伴随有头痛、恶心、呕吐、焦虑、可逆性的记忆减退、全身肌肉酸痛等并发症。通常进行电痉挛疗法后，常常还要继续进行心理治疗和药物治疗。近年来又出现了一种新的物理治疗手段——重复经颅磁刺激治疗，它通过在头皮部位施加磁脉冲刺激脑部相应功能脑区的神经来治疗抑郁症，对于部分难治性抑郁症患者有不错的疗效。不过目前这种仪器用于抗抑郁治疗的疗效仍在研究和反复确认中，尚未正式进入临床治疗使用。

2. 中医针灸疗法

针灸是将针扎在人体穴位上，起到调节脑神经的作用，根据患者的情况采用不同的扎针法和不同的穴位进行扎针，起到舒经通络、醒脑安神、平衡阴阳的功效。

3. 德国 gr-hp 生物疗法

这种方法是让患者在舒适的环境下接受物理治疗，利用生物场对身体表面穴位的作用，达到调整机体活力，恢复人体原有的身体内环境稳定，改善脑组织的营养状态，消除神经细胞因能量消耗而产生的功能紊乱，降低大脑皮质的病态兴奋性，加强内抑制、镇静，从而解除失眠、抑郁等不适症状。

（四）运动治疗

大量研究表明，运动，尤其是剧烈的有氧运动，会使大脑产生一种称为"内啡肽"的化学物质，类似神经递质。通过运动来治疗抑郁，确实有生物学依据，不仅可以调节身心，还可以调节情绪、减轻焦虑、增进食欲、改善睡眠。同时，运动还能使大脑中与抑郁症相关的化学物质失衡转向正常，有效改善抑郁状态，提升患者的自尊心，改善记忆力和判断力。

（五）食物治疗

某些维生素的缺乏会导致抑郁，如维生素 B_6、维生素 B_{12}、维生素 C、维生素 B、维生素 B_1、烟酸、核黄素、维生素 H 和泛酸等。抑郁症的治疗也是需要饮食来辅助治疗的，有研究发现，抑郁症患者多吃富含叶酸、硒及色氨酸的食物，如深海鱼、香蕉、葡萄柚、菠菜、樱桃、南瓜、全麦面包、各类坚果、动物内脏等，能够振奋精神、减轻焦虑和抑郁情绪、提升自信、提神醒脑。这些食物对于抑郁症的治疗都有很大帮助，因此患者平时应多吃一些这类食物。

（六）阳光治疗

阳光是治疗抑郁症的良药，阳光治疗最适合治疗季节性抑郁症。许多人的病态在季节转换时有所发展，表现为冷淡消沉、无精打采、工作效率下降，这些症状在阳光照耀下会渐渐消失。患季节性抑郁症者，要经常到户外接触阳光，因为阳光中的紫外线或多或少可以改善一个人的心情，这有助于抑郁症的治疗和康复。

（七）音乐治疗

音乐通过声波有规律的频率变化作用于大脑皮质，并对丘脑下部和边缘系统产生效应，提高皮质神经的兴奋性，活跃和改善情绪状态，消除外界精神心理因素所造成的紧张状态，调节激素分泌、血液循环、新陈代谢等，提高应激能力，改变人的情绪和身体功能状态。患者可以通过音乐更好地宣泄和释放自己的情绪，以改变消极的情绪，强化积极的情绪。

（八）人际治疗

患者应该建立可靠的人际关系，无论发生什么事情，都有一个可以完全信赖的人，无论是亲戚、配偶或朋友，这是防止抑郁的最重要的保证之一。同时，多参加社会交往活动，寻求友谊和支持，努力和朋友保持联系，向信赖的人倾诉内心的烦恼和痛苦，抛开过去，将注意力集中于当前的生活，调整和重建人际交往，会减少抑郁症的发作，促进抑郁症的康复，还会降低抑郁症的发病率，是一种很有效果的抑郁症治疗方法。

有人通过对抑郁症患者追踪十年的研究发现,有75%～80%的患者多次复发,抑郁症患者需要积极配合进行预防性治疗。抑郁发作的治疗要达到以下三个目标:

(1)提高临床治愈率,最大限度地减少病残率和自杀率,关键在于彻底消除临床症状。

(2)提高生存质量,恢复社会功能。

(3)预防复发。

有研究认为,抑郁症发作三次以上应长期治疗,甚至终身服药,定期门诊随访观察。此外,对有明显心理社会因素作用的抑郁症发作患者,在药物治疗的同时常需要合并心理治疗。

这里我们需要注意的是,有些抑郁症患者为了达到自杀的目的,往往事先有周密的计划,行动隐蔽,以逃避医护人员和家属的注意。他们假装对周围的人或医生说,"我好了,我什么都行了""原来我不吃饭了,我现在吃了""原来我不说话,我现在说话了"等,用各种行动来告诉周围的人和医生自己已经好了,使周围的人和医生放松警惕,之后好让自己的自杀行动得以实施。

六、对抑郁症患者的照护

抑郁症并不仅仅是某一天心情不好,不会因为睡了一觉就简简单单地过去。当我们身边的人出现了抑郁症状以后,应避免试图说服患者"你这样想是不对的,不该这样想""想开点儿,事情总会变好的",或者用"你真软弱、真没用"一类的话加以刺激。应该说"我能做些什么让你舒服一点""我一直在你的身边",等等。应建议他们去看医生,减轻他们就医的心理障碍,站在他们的角度调整谈话方式,鼓励他们把疗程坚持下来。

如果我们发现自己出现了早期的抑郁苗头,知道如何寻求帮助;如果我们身边的人出现了抑郁症状,不要试图改变对方,应提供陪伴,给予关注、尊重、接纳与爱。对于抑郁症患者来说，自杀和人生的幸福与成功与否没有绝对关系，他们只是想要终止身心饱受摧残的状态。如果察觉到他们有自杀的想法，可以讨论自杀，因为抑郁症患者希望有人与他们讨论这个话题；同时讨论解决困境的其他办法，让他自己想象哪些方式可能减轻痛苦，增加幸福感。必要时，寻求专业帮助。

要特别关注抑郁症患者情绪的变化，或者说，准备自杀的人情绪好转后并不意味着自杀危险减小。因为一般准备自杀的人往往会先进入一段"死或不死"的矛盾期，这段时期可能会极为困扰，但一旦下定了决心，就像放下了心中的大石头，情绪反而会平静下来，甚至还会用情绪的好转来掩饰自杀的决定。所以，当患者情绪突然明显异常时，如特别烦躁，高度焦虑、恐惧，易感情冲动，或情绪异常低落，或情绪突然从低落变为平静，或饮食、睡眠受到严重影响等，必须特别小心，此时为高度危险期。

第九章

对有自杀意念者的干预

对于已经产生自杀意念还未采取自杀行动的人来说，专业性的危机干预更为有效。在识别出有自杀意念者的情况下，可采取以下措施进行干预。

一、实时全程监督管理

加强对场所和工具的监管，起到"关闭出口"的作用。常见的自杀方式有自缢、跳楼、割腕、服毒、跳河等，自杀方式与自杀场所和工具的选择有很大关系。要加强对场所和工具的监督和管理，对于高层建筑物，增加必要的防护措施，如封锁天台禁止进入，在阳台上增设围栏，在重点危险区域安装摄像头等监控设备。

实时对人员进行监管，履行"第一反应人"的职责。当事人身边的朋友、领导、亲人等都是第一反应人，当有自杀意念者通过语言、行为、躯体等表现出自杀线索时，第一反应人应在这个时候对当事人进行重点关注，对有自杀意念者进行 24 小时实时帮教监管，一旦发现问题，及时上报，确保不发生意外。

有效延伸安全管控触角，严防管理漏洞的出现。对于因病住院、学习培训、执行任务等长期在外人员的管理，要用好《在外人员联系登记本》，采取定期联系、及时沟通的方式，做到延伸触角、不留死角，杜绝管理漏洞的出现。

二、获得信任稳定情绪

（1）建立良好的咨访关系。咨访关系就是咨询师和来访者之间的关系，在危机干预初期，当事人往往处在警觉、排斥、防御的状态中，为了危机干预工作能够继续开展，帮助当事人重建生的希望，恢复心理平衡，危机工作者必须马上建立能够顺利进行沟通并获得信赖的关系。良好的咨访关系是自杀心理危机干预工作有效开展的基本保证，也是整个危机干预过程中的核心和重点。要想对有自杀意念者的干预取得效果，危机干预工作者首先要对当事人出现的问题和产生的原因进行评价与判断，然后才能进行下一步的风险评估。对于当事人来说，身处陌生的环境，面对一个与自己毫不相干的陌生人时，难免会产生抵触情绪，所以要求危机干预工作者要有热情友好的咨询态度，并具备初次访谈的专业技巧，只有在危机干预工作者通过当事人的"信任测验"之后，当事人才会放下心理防御，向他们敞开心扉。

（2）善于倾听，适时询问。在进行危机干预过程中，建立了基本的信任关系之后，当事人便开始打开话匣子倾诉自己的痛苦，这时危机干预工作者需要专心倾听，这是对当事人最起码的尊重和理解。在倾听过程中，努力了解当事人的内在情感，及时把握话语中的关键信息。适时进行询问也必不可少，一般以"如何""为什么""怎么样"之类的开放式提问和"是"或"否"、"有"或"没有"之类的封闭式提问为主，开放式提问可以收集当事人没有表达出来的重要信息，封闭式提问主要针对当事人有无自杀的打算和有无具体的自杀计划，等等。注意，提出的问题不宜太多，不要经常插嘴打断谈话，这些都会影响干预效果。在倾听的过程中，危机干预工作者还要理解和接纳当事人的抱怨和反常情绪，对当事人所倾诉的内容不要过多地进行评头品足、批判指责，这会让当事人的情绪变得更加激动，有可能会造成进一步的伤害。

（3）提供充分的情感支持。处于危机干预早期的个体，情绪波动很大，喜怒哀乐反复无常。不要担心他们会出现强烈的情绪反应，不管是痛心疾首还是号啕大哭都意味着当事人的情绪正在得到宣泄和排解，这有利于当事人情感的释放。这个时候需要危机干预工作者给当事人提供充分的情感支持，要有同理心。同理心又称为换位思考、共情，要求危机干预工作者能够站在当事人的角度，设身处地地把对方当作自己来看待，不断提醒自己"如果是我遇到这样的情况，我会怎么办，我该如何解决问题"。只有真正走进当事人的内心，才能找到问题的症结所在，为当事人提供帮助，解决问题。共情不仅仅依靠语言来表达，有时候，一个拥抱，一个轻抚往往比言语更有效。共情的最高水平是既有理解也有指导，危机干预工作者不仅给予当事人情感支持，更给出了解决问题的具体措施。一般的危机干预时间在 45 分钟之内最为适宜，时间长了易陷入枝节，并可能出现反移情，不利于危机干预。

三、进行自杀风险评估

危机干预工作者在获得信任，稳定当事人情绪后，还要进行自杀风险评估。通过心理访谈法、观察法和心理测验法，对自杀的危险性作出快速评估，初步判断当事人是否面临生命危险及对身边的朋友、亲人能否构成潜在威胁，评估尽量在短时间内迅速完成，以便对当事人及时进行自杀心理危机干预。

（1）心理访谈法是危机干预工作中运用最广的方法。心理访谈的形式可分为结构型访谈（按统一设计的、有结构的问卷进行访问和谈话）和非结构型访谈（根据实际情况，灵活掌握进程的访问和谈话），危机干预工作者可根据具体情况选择合适的心理访谈形式进行访谈。不要忌讳询问当事人是否有自杀的想法，害怕他们会因此采取自杀行动，其实这样的询问可以帮助他们重新考虑自己到底要不要自杀，有没有必要自杀，往往能挽救他们的生命。通常采取正面询问，如"什么事情让你如此痛苦？在你很痛苦的时候，你有没有产生结束自己生命的想法？你曾经向你身边的朋友或者家人显露出你想要自杀的想法吗？""你最近一次有这种想法是什么时候？""你对仍然活着有什么想法？"

（2）观察法是危机干预工作者获取信息的常用手段。危机干预工作者可通过观察当事人的表情、姿态、行为、认知状态、身体状态来判断当事人自杀危机的严重程度，及时为其建立支持系统。学者 Birtchnell（1983）认为，实施自杀行为的人并不是绝对的，自杀意念可能每分钟都在改变。对于有自杀意念者来说，充分利用合理的资源，如当事人身边的朋友、同事、家人及预防自杀的相关书籍等都可以为当事人提供帮助，降低自杀的发生率。

（3）心理测验法是采用量表的形式对当事人的自杀意念进行评估，如自杀态度问卷（QSA）和贝克自杀意念量表（SSI），并结合巴特尔（Batter）等人确定的大量可用于预测自杀风险的危险因素，可以使危机干预工作者从更加精确的角度判断当事人当前所处的状态，到底是处于自杀意念阶段，还是处于已经制订了详细的自杀计划准备实施自杀的自杀高危阶段，从而针对不同状态，采取相应的干预措施。

四、制订方案转介治疗

对当事人的自杀危机进行评估以后，危机干预工作者便会根据危机干预对象的不同情况采取有针对性的干预行动。

（1）帮助制订解决问题的相关方案。对仅仅只有自杀想法者，为了得到他们不再自杀的承诺，可采用鼓励、开导、劝慰、心理辅导等方式，缓解其自杀的冲动，消除当事人的自杀企图。为当事人提供 24 小时随时都能拨通的紧急求助热线电话，同时与当事人签订一份契约，明确如果自己再次萌生强烈的自杀冲动，在还未作出自杀行为之前，想想自己应该要做的事情和不应该做的事情，这需要当事人自己承诺在出现上述情况时要及时与危机干预工作者取得联系。帮助当事人制订一个计划，解决当事人目前所面临的困难，让当事人充分相信通过身边人的帮助和自己的努力，一定可以渡过难关，使当事人恢复心理平衡，重燃希望。

（2）转介专业医疗机构进行治疗。对处在产生自杀意念，已经制订自杀计划还未付诸具体行动的自杀高危阶段者，其自杀冲动已经达到了十分强烈、无法控制的地步，人身安全已经受到了严重威胁，为避免独居或者接触自杀工具，需要转诊到当地的专业医疗机构，进行住院治疗。大部分处于这个时期的当事人，都对寻求专业机构的帮助感到恐惧和焦虑，危机干预工作者要先耐心听他们诉说担忧，然后告诉他们："在这种情况下，任何人都需要这些专业机构的帮助，大家的目的都是关心你、爱护你、保护你，一切都会好起来，因为希望无处不在。"

第十章

对自杀未遂者的干预

一、评估再次自杀的危险性

　　一般来说，在自杀未遂后的第一年中（特别是前三个月内），自杀未遂者进行再次自杀导致死亡的风险性最高。因此，这部分人应该是危机干预工作者关注和救助的重点对象，要抓住危机干预的"机会之窗"对当事人自杀动机进行分析，评估当事人再次自杀的危险性。当事人的自杀动机各有不同，归纳起来主要有两类：一类人是真正想死，这类人被抑郁、苦闷、痛苦等情绪压抑，从内心里就认定自己活得很失败，一无是处，长此以往，这些情绪得不到排解，便产生了强烈而反复的自杀意念；还有一类人内心并不是真正想死，他们可能是由于外部原因的触发，想借此用自杀达到自己影响或威胁他人的目的，因此这类人的自杀行为具有冲动性。由于自杀动机不同，干预方法也就不同，所以对于自杀未遂者要分析导致其自杀的真正动机，通过情感、认知和行为来评估他们再次自杀的危险性。在情感反应方面，评估当事人情绪状态是否稳定，有无强烈的情感波动，有没有出现负性情绪，负性情绪能否得以控制。在认知状态方面，评估当事人的注意力能否集中，解决问题和做决定的能力如何，对危机事件的认识和感知与现实有无实质性差异。在行为改变方面，对危机事件的应对行为是否恰当，日常功能表现有无受到影响，再次作出伤害自己或他人等举动的可能性有多大。

二、身体康复、心理干预与药物治疗多管齐下

自杀未遂者大部分都是已经采取了自毁行为的，但是因发现及时，生命才得以挽救，所以身体上会有不同程度的损伤。要联合当地医院多个临床科室，尽快有效地治疗当事人身体上的损伤，正确认识和认真处理相应的并发症，最大限度地减小自杀者的死亡率，降低伤残率。

处于这个阶段的当事人，往往情感张力很大，情绪极其不稳定，不能受到任何刺激，亟须进行心理干预。当事人经历了自杀之后，心理健康状况未能得到改善，心理往往是错综复杂的：一方面会陷入深深的绝望之中，对未来生活充满迷茫；另一方面往往充满羞愧感，无颜面对身边的朋友和亲人；此外还伴随无助感，内心防御性很强，不愿与人沟通交流。危机干预工作者要用和善的态度、温和的语言，主动与当事人进行沟通，走进他的内心世界，站在他的角度体会他的痛苦，感人之所感，知人之所觉，鼓励当事人敞开心扉，用倾诉的方法排解不良情绪。在此期间，危机干预工作者还要认真倾听，给当事人充足的时间让他们说出自己内心真实的想法，不要急于给出自己的劝告。更为重要的是，危机干预工作者要及时教授当事人排解不良情绪的办法，如悲伤的时候就大哭一场，心情郁闷的时候向身边的家人或者朋友倾诉，愤怒的时候合理恰当地出气，多去户外走一走、跑跑步、听听歌，这些方法都能使不良的情绪得到宣泄。如果当事人在这个时期能够及时得到干预和治疗，不仅可以防止自杀的再次发生，而且还能够帮助当事人学会应对自杀危机的技巧，使心理恢复到平衡状态，危机便会从危险变成机会，这就是自杀心理危机干预的价值所在。

大多数研究表明，精神疾病与自杀行为有密切关系。在国外，自杀未遂者中精神疾病的患病率为 90%左右，精神疾病是自杀未遂的最重要的危险因素。在国内，虽然造成自杀未遂更多的是心理社会因素影响导致的冲动行为，但是精神疾病也是自杀未遂的危险因素，最常见的就是抑郁发作。所以在进行心理危机干预的同时，还要谨遵医嘱，用药物辅助治疗，定期与开处方的医生协商，

并监控当事人服用抗抑郁药物的疗效。身体康复、心理干预和药物治疗多种方法共同配合，才能使当事人从自杀的阴影中走出来。

三、发挥组织、家庭和社会支持系统的辅助治疗作用

一般而言，自杀行为的出现，除病态的原因，即心理疾病的影响之外，更多的是支持系统薄弱、残缺等造成支持不足的必然结果。组织、家庭和社会支持系统这三者构成了一个全方位、多层次的系统，它可以让自杀未遂者在人文关怀中，获得精神和物质的双重帮助，起到辅助治疗的作用。

大部分自杀未遂者都存在不同程度的自卑、孤独、压抑，与周围人群关系紧张且易冲动。在自杀心理危机干预过程中，除危机干预工作者和医疗人员外，自杀未遂者身边的朋友、同事和亲人都是危机干预过程中极为重要的资源，对帮助当事人安全渡过危机有很大的帮助作用。首先，自杀未遂者的心中亟须获得自己的存在感和价值感，所以危机干预工作者要尽可能多地给予当事人鼓励和关怀，提高当事人的生存希望，使他们重燃活下去的信心和勇气。其次，朋友、同事和亲人还可以协助危机干预工作者，一起解决和处理当事人所遇到的困难，减轻其绝望感和无助感，同时，也要助人自助，教授其解决问题的办法，使当事人在以后的学习、工作和生活中学会独自应对危机，避免他们产生依赖感。此外，积极安排亲近的人进行探视，让当事人感受到来自"大家庭"的温暖，消除孤独失落感。再次，家人对当事人的性格、脾气是最为了解的，危机干预工作者在与当事人家人沟通的过程中，可以让家人了解当事人目前的心理状况，包容当事人的过错，在生活上多多关心照顾，在情感上多多理解支持，从而激发当事人对亲人的眷恋，振奋精神，重新面对自己的人生。最后，危机干预工作者还要对当事人的朋友、同事和家人进行相关的自杀危机干预常识教育，教会他们要配合医疗人员，时刻关注当事人的情绪变化，早期发现再次自杀征兆，快速准确识别自杀线索，特别是要加强对当事人的监督和保护，防止当事人再次自杀。

四、制订计划定期回访

为使当事人心理恢复到平衡状态，除上述干预方法之外，危机干预工作者还要针对当事人面临的实际困难及目前的心理状态制订相应的干预计划，并且与危机干预情况相关记录一起放入当事人的心理档案之中，方便日后进行定期追踪回访。

（1）帮助当事人制订危机干预计划。在制订的计划中，一方面要有相关危机干预机构或危机干预者的具体联系方式，方便当事人及时求助，从而获得支持和帮助；另一方面，制订的应对策略必须根据当事人的实际情况，是当事人能做到的并且是切实可行的，也可以是与危机干预工作者一起配合完成的，如一些放松技术。制订的计划要包括短期计划和长期计划，短期计划可以帮助当事人解决当前遇到的问题，恢复心理平衡；长期计划可以让当事人学会独自应对危机的方式方法，能够举一反三地处理日后遇到的难题。计划拟定好之后，需要获得当事人的承诺。承诺对于当事人来说，是对危机干预工作者制订计划的认可。对于危机干预工作者来说，承诺是当事人执行计划的保证。可以让当事人对计划进行复述："能不能给我讲讲，下一步该怎么做能使你的情绪得到控制。在遇到类似情况时，你通过什么方法让自己从冲动中冷静下来，避免自杀行为再次发生。"这样做可以加深当事人对计划的理解，起到强化作用；同时危机干预工作者也可以从当事人的复述中，发现是否有理解偏颇的地方，以便于及时澄清更正。

（2）定期对自杀未遂者进行回访。对于大多数面临自杀危机者来说，一般经过为期 4～6 周的心理危机干预，就能学会一些新的适合自身的应对技巧和解决问题的基本方法，情绪上也有了一定程度的缓和，自杀危机基本上得到了解除。这时，在当事人自杀想法基本消除之后，自杀危机干预工作也要及时终止，防止当事人产生依赖心理。但还要定期随访，与其亲人、朋友之间密切联系，当事人身边的朋友和亲人也要在生活中时时关心、处处帮助、多多鼓励，一旦发现有异常状况出现，及时反映上报。

通过对自杀未遂者的调查发现，大部分轻生者都属于冲动行为，50%的自杀未遂者考虑自杀的时间不超过 2 小时，28%的自杀未遂者采取自杀行动前考虑的时间不到 10 分钟。这表明大部分自杀未遂者在自杀前能有充分的时间来进行危机干预，从而达到挽救其生命的目的。

第十一章

对自杀危机现场的干预

在自杀危机现场的干预中，包括危机干预工作者在内的现场救援者，都可以对当事人进行积极的心理影响，使当事人重新调整好心态，打消冲动的念头，终止自杀行为。

一、构建危机快速反应机制

对于正在实施自杀行为的人，一旦发现要立即启动"自杀心理危机干预快速反应机制"，即派遣现场指挥组、危机干预组和应急支援组前往现场。现场指挥组负责现场协调指挥工作，保证危机干预工作有序、有效进行，保证各组之间的交流畅通无阻，同时也能避免相互干扰。危机干预组身上肩负的责任重大，是自杀危机现场干预的关键力量。根据危机现场实际情况并结合正在实施自杀的人的身体情况，给出危机事件处置的方案和建议。在稳定当事人情绪，尽量拖延时间的前提下，对自杀事件作出快速评估，从而对当事人实施自杀心理危机干预工作。应急支援组民警负责封锁现场，维护现场秩序，为危机干预工作的顺利开展提供一个相对安全、有序的环境；在当事人企图用跳楼、跳河、自焚等方式实施自杀时，消防人员要及时采取相应措施，防止伤害范围进一步扩大，避免造成其他不必要的损失；特警配合危机干预工作者在发生紧急情况时对当事人进行强行营救工作；医护人员负责对当事人进行身体医治。

二、掌握情况稳定情绪

在对自杀危机现场干预的初期，先不要急于解决问题，危机干预工作者要在与当事人接触前大致掌握其基本信息，如姓名、年龄等。这是危机干预工作者第一次与正在实施自杀行为的当事人进行接触，当事人防御意识较强，突然的接近行为反而会导致当事人出现过激行为，所以要了解其基本信息，采取直呼其名的方式，如"我是×××，你肯定是×××，×××跟我说了你的事情。很高兴见到你"。这样有助于拉近干预者与当事人之间的距离，缓解现场紧张的氛围。待当事人情绪稍稍稳定之后，危机干预工作者可以与其进行谈话："我很关心你，我知道你压力很大，你能不能和我说说你遇到什么事情？看看我能不能帮你解决问题。"从而表达自己对当事人的关心，也很愿意帮助其解决问题，逐渐引导当事人自己开口说话，表达情感、宣泄情绪，当事人说得越多，郁闷情绪宣泄得就越快，危机干预工作者要做的工作就是倾听。相互获取信任十分关键，将为下一步的危机干预工作打下基础。

对自杀危机现场干预的中期花费的时间最多。当事人经过一定的情感发泄之后，情绪趋于稳定，开始逐渐接受意见和建议了。这时，危机干预工作者要在前期取得当事人信任的基础上，从多种角度与他进行交流互动，及时捕捉当事人话语中的关键信息，探索导致当事人自杀的原因，针对不同类型的当事人应采取不同的干预策略。对于自觉无价值感的当事人，可采用追忆技巧，帮助当事人回忆其家庭生活、社会生活及日常工作中值得骄傲和自豪的事情，强化其自我价值感；对于有无望感的当事人，可以暗示其困难终会解决，痛苦也会结束，帮助其重燃生的希望；对于有孤独感的当事人，危机干预工作者可以向他指出他并不是孤独的，让他想想朋友、想想亲人；对于因一时冲动想要自杀的当事人，危机干预工作者要对其情感和感受表示充分理解，同时逐步引导他可以做一些别的选择；对于想要自杀的女性当事人，可根据其顾及形象的特点进行干预，如"我不反对你从这里跳下去，但是我要提醒你的是，如果从这里跳下去，可能会摔断腿或手，可能还会头破血流，严重的会导致脑浆迸裂"。在进行干预的过程中，干预者应引导当事人进行深呼吸和放松训练，慢慢转移其注意力，借机让其远离危险区域。如果当事人拒绝，就不要轻举妄动，也不要说"你这样做是不对的""你怎么能这么傻"之类的话，这样只会使当事人更加反感。待沟通进一步深入之后，危机干预工作者要积极为当事人提供解决方案，制订相应的计划来解决他遇到的困难，让他明白自杀并不能解决实际问题，慢慢引导，使其情绪慢慢平静下来，能够开始比较理智地思考问题，从而放弃自杀行为。在此期间，相关部门要随时做好准备，一旦当事人出现紧急情况，可以在最短的时间内迅速反应，采取行动。

在对自杀危机现场干预的后期，通常会出现两种结果：一种是对当事人自杀危机的干预获得成功，当事人消除了自杀企图；另一种是当事人仍执意自杀，已作出危险行为，应急支援组要立即采取紧急行动实施强行营救，尽最大努力减小损失。

三、关心关爱防止反复

干预成功之后，自杀者脱离险境。经过短暂的现场干预，自杀者的心理危机只是得到了有效缓解，并没有真正消除，如果后续的心理危机干预工作跟不上，那么自杀者很可能再次实施自杀行为，所以救治与安抚工作必不可少。对于已经实施了自杀行为者，医护人员要及时予以救治，之后，再对其进行心理危机干预。对于身体没有受到伤害并且已经放弃自杀行为者，干预者应重建其社会支持系统，将其移交给亲人、同事或者朋友予以照顾，让照顾者关注其饮食和睡眠情况，时刻体贴关心，做好看护工作，防止其出现再次自杀的行为。由于当事人的生命刚刚被挽救回来，其内心情感复杂而敏感，所以单位领导要严控单位其他人员对自杀事件进行讨论，尤其不要对当事人的自杀行为进行道德评判，防止负性信息对当事人造成二次伤害。危机干预工作者要做好进一步的心理疏导工作，巩固前期心理干预的成果，防止其出现反复，帮助其走出自杀阴影，鼓励当事人开始新的生活。

四、保护现场便于取证

如果干预失败，危机干预工作者应该及时进行自我心理调节，要知道并不是每次的干预工作都是成功的，自己已经尽力了，造成这样的结果并不是自己的责任，同时要保证充足的睡眠，让自己的身心得到放松，如果还不能解决问题，危机干预者需要向专业人员寻求帮助。

在相关部门和领导接到有人员涉嫌自杀的通知后，应立即赶往案发现场。当事人所在单位的领导也要抽出时间，配合调查组协同调查，对现场进行保护，采取必要的抢救措施，同时立即向所在单位领导报告。

（1）保护现场。组织相关人员立即封锁现场，严禁无关人员出入；进行现场勘察，查验有无外人进出的痕迹；搜集相关物证，检查有无药物、发票、遗书等。

（2）展开调查。询问现场发现人员、死者家属、与死者有密切关系的人员，以及所在单位的同事、领导和驻地医院医护人员，了解死者生前的精神状态、身体状况、家庭情况、经济状况、有无遭遇重大生活事件、近期有无就医治疗等。

（3）确定死因。经过现场勘查取证，再由法医进行尸检。认定为自杀的，在分析自杀原因后，附上相关证明材料，再通报给家属。

（4）妥善处置。把自杀调查取证情况告知死者家属，避免他们对自杀者的死因产生疑虑，同时做好家属的安慰工作，对死者家属的相关应激行为表示理解，并告诉他们事情已经发生了，要面对并接纳。此外，在符合原则范围之内，尽量帮助他们解决问题，满足他们的诉求，同时也要有效应对他们提出的无理要求，生活确实困难的，可以建议当地人民政府酌情给予救济。

第十二章
对与自杀者密切接触者的干预

　　自杀行为一旦付诸实践，小到家庭，大到组织和社会，都会受到影响。每年大约有 150 万人因家人或朋友的自杀而出现长期且严重的心理创伤。自杀给自杀者身边的人带来的不仅仅是痛苦和悲伤，还有内疚、后悔、自责、孤独等情感，他们甚至还会相互指责、埋怨，"你为什么没有早一点发现异常情况""你和他关系这么好，你不可能没有察觉"。与自杀密切接触者，他们可能还会受到舆论的不良影响，如被指责、责怪、歧视等，往往会更容易出现心理问题、认知障碍等，具有较高的自杀危险性，很容易被忽视，危机干预工作者需要帮助其顺利度过哀伤期。

一、进行安抚陪伴，建立信任关系

　　面对突如其来的噩耗，有些人在丧失亲人六个月之后才出现复杂、持续的哀伤症状，也有些人会立即出现急性症状，并持续一年或者更长的时间。随之，重度抑郁、创伤后应激障碍和广泛性焦虑会接踵而来，更不幸的是，他们还有更强的自杀意念和更高的自杀风险。

　　Altmaier（2011）提出，在心理咨询过程中，来访者和心理治疗师之间的关系能直接影响心理危机干预的有效程度。所以，在对与自杀密切接触者进行危机干预的初期，目标就是要建立信任关系。如何建立信任关系？首先要在他们听到死讯之后，陪伴在他们的身边。自杀者让父母失去了儿子或女儿、丈夫或妻子失去了配偶、孩子失去了父亲或母亲，也让同事失去了并肩工作的伙伴，他们的内心此时此刻是十分痛苦的，同时也无法接受自杀者离去的噩耗。其次，危机干预工作者要鼓励他们用言语表达自己内心的真实感受，甚至哭泣都是可以的，要给他们提供适当的宣泄机会，有助于疏导他们内心极度压抑的负性情绪和想跟随逝者而去的强烈自我毁灭的念头。要告诉他们遇到这样的事情，悲伤和痛苦是正常的反应，压抑自己的情感反而会因时间的流逝使这种情感变得强烈而具有破坏性，采用能让人接受的话语，如"很抱歉，我不知道该用什么词语来形容你当下的心情，但是我会一直在这里陪着你，只要你愿意和我诉说，我都会在这里倾听你的故事""不要害怕，大家都很关心你，会一直在你身边陪着你"。最后，当他们真正敞开心扉向危机干预工作者倾诉的时候，危机干预工作者需要做的就是倾听，并且适时地对他们表示支持、理解，哪怕是一个眼神或一个拥抱，都能让他们从心里感受到温暖，增加他们内心的安全感，适当引导他们，勇于面对现实，努力学会坚强。帮助与自杀密切接触者接受、面对失去家人、朋友的现实，这是成功干预的第一步。

二、进行心理干预，建立社会支持

自杀事件发生之后，无论是自杀未遂还是自杀死亡，都会给身边的朋友、同事、亲人等与其密切接触的人造成负性影响，可能进一步引发这些人的急性应激障碍（ASD）和创伤后应激障碍（PTSD）等，继而会出现自杀行为，所以危机干预工作者要及时对其进行心理危机干预。心理学研究表明，在构成人可持续发展总能力的五大系统——生存支持系统、发展支持系统、环境支持系统、社会支持系统、智力支持系统中，社会支持系统发挥着重要作用，它直接或间接地影响人的认知、情绪、情感、意志力和心理健康。20 世纪 70 年代，Raschke 提出，社会支持指的是人们感受到来自他人的关心和支持。通过与自杀密切接触者身边的亲人、领导、同事，社会上的团体及社区，在精神上和物质上建立的社会支持可以减轻他们的应激反应，缓解紧张情绪，提高社会适应能力。

（1）干预者应嘱咐自杀密切接触者的朋友和家人，时常陪伴在他们身旁，最好可以轻轻握着他们的手或进行一些其他的身体接触，随时准备施以援手，让他们明白自己并不是在孤军奋战，有人陪着自己，不要过度沉浸在对死者逝去的悲伤中，要尝试用新的思维方式看待问题。

（2）干预者应建立紧急心理援助体系，为与自杀密切接触者提供心理援助热线电话，可以 24 小时进行在线援助服务。

（3）干预者应营造积极向上的舆论氛围，遵循"四不"原则——不渲染、不议论、不扩散、不评判，尽可能减少外界的负性言论，缩小知悉范围。干预者要教育他们珍惜美好生活，一切要往前看，携手渡过危机，防止有人盲目效仿，导致自杀发生"传染"。

（4）干预者应以社区为单位，成立各种自助组织，宣传心理健康知识，预防危机过后带来的不良后果，给死者的亲友建立支持体系，减少孤独感和失落感，帮助他们重新回归正常生活。总之，与自杀密切接触者对社会支持的满意度越高，创伤后应激障碍（PTSD）发生的概率就越小，发生自杀的危险性也就越小。

三、运用哀伤辅导，重建新的希望

哀伤就是一个人在面对丧失时出现的一系列身心反应和状况，它是每个人在面对丧失时都会出现的反应。弗洛伊德曾经指出，哀伤就是对失去的一种纪念，但是如果哀伤过于强烈或者持续时间过长，且得不到及时干预，会对人的情绪和身体造成严重影响。哀伤辅导主要是针对近期丧失亲人的人，干预者协助他们健康地完成哀悼的任务，帮助他们完成哀伤的分离冲突，以增加他们重新开始正常生活的能力。对当事人（与死者密切接触者）进行哀伤辅导能够让他们走出悲痛，重新生活。

（1）要让当事人面对现实，坦然接受。当自杀事件发生之后，当事人（与死者密切接触者）回避甚至会否认这个事实，他们不接受与自己亲密的人离去的现实，表现出明显的防御机制，危机干预工作者要逐渐引导他们卸下防御，面对并接受现实。

（2）干预者要使当事人重现回忆，释放哀伤。通过放松治疗让当事人在放松的状态下进入回忆，引导他们回忆是什么时候得知的噩耗？当时自己在哪里？正在做什么？听到消息的那一刻身体是什么反应？心理上又有什么反应？告诉他们，遇到这种情况是正常的。结合空椅子技术、安全岛技术和保险箱技术，让当事人（与死者密切接触者）发泄情绪，在这个过程中，当事人（与死者密切接触者）可能会因为控制不住自己的情感而哭泣，这是释放哀伤的一种方式。

（3）举行告别仪式，完成分离，重建希望。自杀事件发生后，与自杀者关系密切的家人、朋友、同事有必要举行仪式告别逝者，以表达怀念与尊重。可以通过写信、追悼、祭奠等形式，让他们得到释怀，接纳事实，完成与死者健康地分离，重燃希望，感悟到只有自己好好活下去，才是对逝者最好的纪念。

（4）干预者应对当事人进行后续追踪，定期回访。经过心理危机干预之后，大部分人的哀伤情绪趋于正常，能够回归到正常的工作、训练和学习之中，但值得注意的是，创伤后应激障碍（PTSD）有时会潜伏几年甚至更长时间才会爆发，所以心理危机干预工作要贯穿始终，干预者应对他们进行后续追踪和定期回访，特别是在死者的忌日、纪念日、生日等重要时间节点，干预者应有针对性地开展心理危机干预工作。

第十三章

对自杀现场目击者的干预

相关研究发现，自杀事件的目击者在事后会产生比较严重的心理应激反应。这些目击者可能是参加救援的相关人员、身边人或素不相识的路人，无论是哪类目击者在亲眼见到自杀场景之后，都会给他们的内心带来强烈的冲击，严重者将造成心理创伤，影响他们正常的工作、生活或训练。自杀事件发生后的几天内是目击者接受心理危机干预的最佳时机，如果得不到有效的心理救助，他们可能会习得自杀者处理问题的不良方式，这种不良方式就是自杀，从某公司接连发生的跳楼事件中可以看出，自杀事件具有一定的"传染性"。因此，对于自杀现场目击者的干预，危机干预工作者一定要予以高度重视。

一、鼓励当事人说出内心真实感受

对于参加救援的相关人员（包括公安警察、医护人员等）来说，在承受巨大压力和尽最大努力挽救自杀者生命的同时，还要承受救援失败带来的深深的自责和愧疚等负性情绪。对于其他人和素不相识的路人来说，正巧在现场见到了惨烈的景象，会引起他们强烈的不安，造成其难以适应的痛苦，严重者可能会引发自杀。危机干预工作者要鼓励自杀现场目击者描述对整个事件的认知反应，如询问他们当时发生了什么事情？让自己无法忘记的事情是什么？自己当下的状态如何？鼓励他们说出对自杀事件最真实的感受和想法，用合理的方法让他们的不良情绪尽可能地宣泄出来。引导他们说出自己的认知、情绪、身体、行为方面出现了哪些明显反应，给工作、学习、生活带来了哪些具体影响。一般来说，在认知方面会出现感知觉能力降低、记忆力消退、思维迟钝；在情绪方面会出现焦虑、紧张、恐惧、愤怒、抑郁等；在身体方面会伴随闪回、噩梦、食欲下降、睡眠障碍等症状；在行为方面会出现逃避和回避、敌对和攻击、物质滥用、悲伤哭泣、无法正常工作和训练等行为。如果目击者情绪过于激动，还需要第一时间通知他们身边最亲近的、最可靠的、最值得信赖的家人或朋友，以便快速稳定其情绪，为其提供心理支持。

二、合理运用心理治疗方法

在鼓励目击者说出内心的真实想法之后，要让他们意识到他们当下所经历的情感反应是所有人在面对同样情况时正常的应激反应，是可以被理解和接受的，从而减轻目击者的心理压力。常用的方法有放松治疗、音乐治疗、认知行为治疗、眼动脱敏与再加工（EMDR）治疗技术等，可以帮助目击者积极应对不良情绪，重新回归正常生活。

三、开展团体心理辅导渡过危机

心理专家认为危机干预的最佳时间为 24～72 小时，要抓住这"黄金 72 小时"。对于目击者的心理危机干预，一般采用团体辅导的效果更好。自杀事件让目击者的心理产生了难以克服的恐惧感和绝望感，团体辅导为目击者提供了一个安全可靠、易于接纳的环境，也为目击者提供了一个相互交流内心真实感受的平台，使他们压抑的心情得以宣泄，这是个体咨询无法达到的效果。

（1）破冰相识阶段。危机干预工作者要带领由目击者组成的团队成员，每组之间开展一些让对方相互认识的游戏和活动，采用微笑握手、相互拥抱等方式，为团队成员之间进一步的沟通和交流打下基础。

（2）描述表达阶段。首先，危机干预工作者要对自杀事件进行客观描述，还原真相，消除各种猜测和疑惑。然后，分别让小组成员描述自己看到现场场景时的内心感受和当时的心情。危机干预工作者要对他们出现的恐惧、无助、紧张、同情等情绪反应逐一进行分析，告诉他们出现这样的负性情绪都是正常的，但是如果持续时间过长，便容易引发心理危机，为他们找到出现这些情绪的具体原因。最后，请团队成员讲述该自杀事件对自己当前工作、学习、生活等的影响，是否有工作效率低下、对训练提不起兴趣、睡眠不好等情况，引导他们正视负性情绪，努力做好调节。同时，可以让危机干预工作者及时准确地了解每个目击者的当前状况，方便后续进行个别干预。

（3）解决问题阶段。团队成员分享当前应对负性情绪的方式，如听音乐、运动、散心等，相互汲取经验。危机干预工作者在此基础上进行总结，传授目击者在应对自杀等突发事件时，如何采取有效的解决方式来应对自己情绪、认知和行为上出现的问题，而不是仅靠逃避来解决问题。

（4）寄托哀思阶段。这些目击者可能与自杀者素未谋面，也可能彼此熟悉，要让目击者把自己想对逝者想说的话写在纸上，找一个安静的地方读出来，再亲手投入纸箱。这是与逝者告别的一种方式，目击者最终也会释然。在团体辅导结束后，做好对目击者身心状况的跟踪评估。一般来说，团体心理辅导的时间大约为 3 小时。

参考文献

[1] 库少雄. 自杀：理解与应对[M]. 北京：人民出版社，2011.

[2] [瑞典]DANUTA W. 自杀：一种不必要的死亡[M]. 北京：中国轻工业出版社，2003.

[3] 张立军. 大学生自杀行为的心理分析与预防措施[J]. 内蒙古民族大学学报，2006，12（2）：72-74.

[4] 郭黎岩，王冰，王洋，等. 大学生自杀心理与行为及预防对策的研究[J]. 中国健康心理学杂志，2006，14（3）：264-268.

[5] 张朝阳. 人类自杀史[M]. 长春：长春时代文艺出版社，2001.

[6] 刘爱梅. 构建学生和谐心理的对策探讨[J]. 科教导刊（中旬刊），2018（12）：164-166.

[7] 武成莉，宋宝萍. 大学生自杀危机干预体系探讨[J]. 中国商界（下半月），2010（7）：229-230.

[8] 田小东. 大学生自杀的心理预防与危机干预研究[D]. 哈尔滨：哈尔滨工程大学，2006.

[9] 邹婷. 高校心理危机事件的分析与启示[J]. 开封教育学院学报，2018，38（4）：165-166.

[10] 杨凤池. 咨询心理学[M]. 北京：人民卫生出版社，2019.

[11] 叶浩生. 心理学史[M]. 上海：华东师范大学出版社，2009.

[12] 郭念峰. 心理咨询师（二级）[M]. 北京：民族出版社，2005.

[13] 施剑飞，骆宏. 心理危机干预实用指导手册[M]. 浙江：宁波出版社，2016.

[14] [美]RICHAID K J，BURL E G. 危机干预策略[M]. 肖水源，周亮，等译. 北京：中国轻工业出版社，2019.

[15] 孙宏伟. 心理危机干预[M]. 2 版. 北京：人民卫生出版社，2013.

[16] 李柞，张开荆. 心理危机干预[M]. 辽宁：大连理工大学出版社，2012.

[17] [英]WINDY D，MICHAEL N. 理性情绪行为疗法（REBT）100 个关键点与技术[M]. 于泳红，魏清照，译. 北京：化学工业出版社，2018.

[18] 曾云新. 驱除心理阴影重塑自信人生——浅谈"自由联想"和"保险箱技术"在心理咨询中的运用[J]. 课程教育研究，2013（5）：81-82.

[19] 郑玉章，陈菁菁. 音乐治疗学的定义、形成及其在中国的发展[J]. 音乐探索（四川音乐学院学报），2004（3）：91-94.

[20] 姜荣环，马弘，吕秋云. 紧急事件应激晤谈在心理危机干预中的应用[J]. 中国心理卫生杂志，2007，21（7）：496-498.

[21] 于洋. 自杀危机现场处置与谈判运作模式研究[J]. 武汉公安干部学院学报，2013（1）：26-30.

[22] 刘婷. 大学生自杀现象及对策研究[D]. 湖北：华中科技大学，2010.

[23] 邢鑫，郭海江. 对引入心理测评机制考评干部的思考[J]. 党史博采，2016（7）：44-45.

[24] 季建林. 自杀预防与危机干预[M]. 上海：华东师范大学出版社，2007.

[25] 丁长清. 大学生心理危机预测与干预研究[D]. 武汉：武汉科技大学，2008.

[26] BEAUTRAIS A L, JOYCE P R, MULDER R T, et al. Prevalence and comorbidity of mental disorder in persons making serious suicide attempts: a case control study[J]. Am J Psychiatry, 1996, 153: 1009-1014.

[27] 莫丽玲，张伟. 自杀未遂相关因素及认知行为治疗[J]. 精神医学杂志，2007，20（1）：49-51.

[28] 王玉香. 青少年自杀现象与社会工作介入策略[J]. 当代青年研究，2012（7）：59-65.

[29] 赫凛冽. 对轻生自杀干预谈判原则的探讨[J]. 辽宁警专学报，2010（3）：48-50.

[30] 费立鹏，李献云，张艳萍. 中国自杀率：1995—1999[J]. The Lancet，2002，3（359）：73-82.

[31] 皮华英. 积极心理学视角的公安民警心理危机干预初探[J]. 湖南警察学院学报，2011，23（1）：81-84.

[32] 肖霞. 社会地位、社会支持对劳动力群体主观幸福感的影响——基于 CLDS2014 调查数据分析[J]. 社会科学家，2019（3）：52-58.

[33] 贾晓明. 从民间祭奠到精神分析：关于丧失后哀伤过程的动力学思考[C]. 上海：2004 年中国精神分析年会论文汇编，2004：76.

[34] 韩海扩. 警察自杀心理干预[J]. 湖北警官学院学报，2012（7）：163-165.

[35] 罗维，戴悦，等. 一起大学生急性应激障碍的危机干预报告[J]. 社会心理科学，2012，27（4）：119-123.

反侵权盗版声明

电子工业出版社依法对本作品享有专有出版权。任何未经权利人书面许可，复制、销售或通过信息网络传播本作品的行为；歪曲、篡改、剽窃本作品的行为，均违反《中华人民共和国著作权法》，其行为人应承担相应的民事责任和行政责任，构成犯罪的，将被依法追究刑事责任。

为了维护市场秩序，保护权利人的合法权益，我社将依法查处和打击侵权盗版的单位和个人。欢迎社会各界人士积极举报侵权盗版行为，本社将奖励举报有功人员，并保证举报人的信息不被泄露。

举报电话：（010）88254396；（010）88258888

传　　真：（010）88254397

E-mail： dbqq@phei.com.cn

通信地址：北京市万寿路 173 信箱

　　　　　电子工业出版社总编办公室

邮　　编：100036